工作前5年，
决定你的一生

龙小语◎编著

江西美术出版社
JIANGXI FINE ARTS PUBLISHING HOUSE

图书在版编目（CIP）数据

工作前 5 年，决定你的一生 / 龙小语编著 . -- 南昌：
江西美术出版社 , 2018.1
（读美文库）
ISBN 978-7-5480-5708-6

Ⅰ . ①工… Ⅱ . ①龙… Ⅲ . ①成功心理－通俗读物
Ⅳ . ① B848.4-49

中国版本图书馆 CIP 数据核字（2017）第 250693 号

出 品 人：汤　华
企　　划：江西美术出版社北京分社（北京江美长风文化传播有限公司）
策　　划：北京兴盛乐书刊发行有限责任公司
责任编辑：王国栋　陈　东　刘霄汉　楚天顺
版式设计：阎万霞
责任印制：谭　勋

工作前 5 年，决定你的一生

龙小语　编著

出　　版：江西美术出版社
社　　址：南昌市子安路 66 号江美大厦
网　　址：http://www.jxfinearts.com
电子信箱：jxms@jxfinearts.com
电　　话：010-82293750　　0791-86566124
邮　　编：330025
经　　销：全国新华书店
印　　刷：天津安泰印刷有限公司
版　　次：2018 年 1 月第 1 版
印　　次：2018 年 1 月第 1 次印刷
开　　本：880mm×1280mm　1/32
印　　张：7
I S B N：978-7-5480-5708-6
定　　价：26.80 元

人与人之间的差距，从工作前 5 年拉开

1995 年，胡旭苍毕业了。为了他工作的事情，父亲跑遍了所有关系，最后终于在当地的税务部门为他找到了一份好工作。当父亲问胡旭苍毕业后有什么打算时，胡旭苍的回答让父亲吃了一惊：我要去办公司，即使失败了也要在企业里打工，铁饭碗供应一辈子我不喜欢！胡旭苍的回答让父亲感到很失望：这份工作可是他托了好多关系才找到的，多少人想进都进不去，而且每天不用太辛苦，待遇又好。但是看到胡旭苍坚决的态度，父亲也只好摇了摇头，叹了一口气。

胡旭苍开始创业了，虽然遭遇了很多困难，但他还是坚持住了，并取得了成功。两年后，胡旭苍创立了中美合资中国·佑利控股集团，自己也成了董事长。后来，他还参与起草了 CPVC 管道制品的国家行业标准。2002 年，胡旭苍当选为温州市人大代表。2008 年，胡旭苍和马云等人一起当选为"2007 年浙江经济年度人物"。22 岁，对很多毕业生来说，事业还没有拉开序幕，胡旭苍却已经是大公司的董事长；27 岁，对许多同龄人而言，还只是言听计从于长辈的吩咐，胡旭苍却已经是温州市人大代表。毕业短短几年，胡旭苍就成为中产阶级，在快步跨向富有阶级。

相比之下，很多与胡旭苍同龄的人则在穷忙。他们寄居或

蜗居一隅，日复一日进行着朝九晚五的上班族生活，辛劳地为生活打拼着。高房价成为他们生命不能承受之重，逮住机会就表达"房子，想说爱你不容易"的心声，抱怨工资上涨的速度总也赶不上房价上涨的速度。

穷忙！中产！富有！是什么造成了今天的差距？为什么有的人能够得到巨额财富，而我们却不能呢？他们比我们富1000倍，就能说明他们比我们聪明1000倍吗？绝对不是。人的资质相差并不多，差异其实是后天造成的！

想想看，很多同学在毕业时起点一样，而过了5年、10年、15年后，同学再聚会时，大家会各不相同，有的人开着奔驰、宝马、沃尔沃，有的人开着帕萨特、宝来，而有的人骑着自行车，大家的差距显而易见！同学之间的智力差距真的差那么多吗？绝对不是，真正的差距在于思想！想过富有的生活，就得先有富有的思想。头脑富有，口袋就能富有。拥有富有的思想，就能远离贫穷。

一个想要积极赚钱的人，绝不以温饱为满足，一定要充满赚钱的活力，充满成功、致富的欲望。只有那些不满足现状的人，才能真正成为富翁。只有要求得越多，欲望越强烈，我们才能得到越多。

胡旭苍不甘心平平常常，有自己明确的人生目标，敢想、敢干、敢闯，所以，他才能迅速走向成功。不甘平庸、渴望致富，一心想要有所作为，这些使胡旭苍最终成为同龄人中的佼佼者。思想与魄力，决定了一个人一生成绩的大小。

毕业初期，我们虽然没有什么特殊的背景，没有什么傲人的业绩，没有充裕的资本，甚至还会由于没有经验而找不到工作。

但是，我们拥有二十几岁的大好年华，我们还年轻，我们要敢闯，我们应该敢干一些我们没有干过的事情，尤其是男人，更应该有点闯劲！

如果我们只是想着毕业后找到一份工作，简简单单赚一点钱来养家糊口，对于未来并没有什么明确的目标，那么，我们就很有可能耽误了自己，埋没了才华。我们可以允许自己在二十几岁时奔波劳累，为了养活自己而不辞劳苦。但是，我们决不允许自己在30岁、40岁时还在为明天要吃什么、住在哪里而到处奔忙。

如果你没有为明天做太多的准备与努力，那么明天也不会给你太多的回报。记住：机会是属于有准备的人，没有准备、没有想法的人，连机会都发现不了，更不要谈抓住机会了。一个人的想法决定了他将来的命运，一个人的思路决定了他未来的方向与出路。毕业初期，我们不一定急于创业，但一定要及早准备、及早规划，尽最大的可能为自己寻找最好的出路，经过5年、10年、15年的努力，直至取得成功。毕业后的选择与努力，将决定你以后是贫穷、中产，还是富有。

目 录
Contents

第6课　人脉：工作前5年，从专业赚钱到关系赚钱

第7课　心态：工作前5年，从看不开到放得下

定位：工作前 5 年，从迷茫到勇往直前

很多人在职场上奋斗数年后，才发现自己不太适合当前从事的职业，于是想转行或转型，但又不知道何去何从。

　　工作前5年的迷茫，会造成10年后的恐慌、20年后的挣扎，甚至一辈子的平庸。因此，我们要尽快给自己做好定位，早一日触发生命的关键按钮，引爆自身强大的生命核能，踏向成功的起点，由合格走向优秀，从优秀奔向卓越。

择业：屈服于诱惑，还是跟随志向

在一个寒风凛冽的荒原上，一狼群发现散落如星的正在寻食的羊。狼群便拉开了追猎的架势，狼酋长说："这样抓不到几只，不如这样……"

狼偷偷放了一把青草，羊看见了，但不敢上前。一只胆大的羊禁不住眼馋，慢慢走近，张望一番，便吃了起来。在山脚，狼又暗中放一捆青草。几只羊跑过去，大口大口地吃起来。它们又发现山腰还有一堆，更多的羊争先恐后地围上去，抢吃起来。不久，它们又有惊奇的发现，在海拔5000米的山顶之上，竟是从未见过的草盛蝶飞之地！于是所有的羊——老的少的，都蜂拥而上，无所顾忌地美餐起来。

狼们按捺不住冲动，跃跃欲试。狼酋长又发话："别急！咱们如此如此……"

几只狼突然冲上去，叼住几只羊就跑，羊们惊恐万分，但没发现新的危险，慢慢放下心来，它们看见在更高处青草更鲜美，就朝上涌去。此时又冲上来几只狼……

如此这般多次后，所有的羊挤在狭小的山尖处。蓦然，风云陡起，电闪雷鸣，羊群四处逃窜，这才发现，所有下山的路，都被狼围死了……

可怜的羊们到死也不懂，狼最厉害的武器，不是牙齿，而是诱惑。

人生总会面临许多诱惑，它之所以称为诱惑，是它对人具有巨大的吸引力，会动摇人们的意志，使人们做出违背自己志向的选择。诱惑都是美丽的，它也许是你饥饿时的一块大蛋糕，也许是大把的钞票，也许是别人梦寐以求的职位。

伊凡的父亲是个有名的商人，他是父亲的独子。从小父亲就对伊凡寄予了厚望。伊凡不负所望，在父亲的指引下从小博闻广学，勤交名士益友，顺利地从当地一所著名大学的经济学专业硕士毕业，在父亲的建议下子承父业，协助父亲管理家族产业，几年下来，伊凡出色的工作能力、灵活的处事技巧已受到了充分肯定。

在旁人眼中，伊凡多才多艺、出类拔萃、年轻有为，将来的前途不可限量，可是伊凡却不这么认为。他感觉从工作中得不到他隐约向往的那种激情，一切似乎只是按部就班。当同龄人正在乐此不疲于事业时，他已经开始觉得心力疲惫了，不是力不能及，而是找不到为之执着的理由。后来，伊凡在专家的帮助下发现原来自己心底一直想做的其实是教书育人！

在伊凡的故事中，诱惑是父亲为其指的"明路"。职场中，诱惑以其更多的姿态出现，如金钱、名誉、身份、地位和不能兑现的谎言等。小诱惑是小病毒，大诱惑是SARS。在诱惑面前，缺乏免疫力，臣服于诱惑，将会给我们的职业生涯和人生带来不幸与灾难。我们在进行职业选择时，一定要认清并抵挡住那些华而不实的诱惑。

一个人只有经常性地进行自我盘点，与诱惑保持安全距离，才能有健康的自我发展空间。有些人不知道自己究竟适合做什么，只是看到别人在流动中升迁，就心里痒痒，跃跃欲试，看到别人涌向哪个城市，就抱着试试看的态度跟着去哪个城市打工。像个小跳蚤似的，不停地蹦来跳去，在不大的小圈子里，可能几年之内就让他转了个遍，最后却落得居无定所、食无定位。甚至人到中年还在东飘西荡地游弋，没有一个发展的平台。

王翼航，新闻专业本科毕业后在报业集团做了一年的市场后，由于一直倾向于心理学方面的工作，于是出国留学进行深造。经过两年的努力，他顺利拿到了某大学心理学硕士学位。在国外读书期间，他对心理学应用方面十分关注，希望有一天能将心理学知识运用在市场调研工作中。

回国后在高薪诱惑下，他去一家报社做了心理栏目的编辑，这出乎他的意料。

两年后，王翼航又一次受高薪诱惑，转身到了一个国营出版社继续做编辑工作，工作渐入佳境，晋升也指日可待，但王翼航却对编辑工作渐渐生厌。最初的职业理想又浮现出来，他迫切想重新回到市场领域做调研。

2015 年春，他终于痛下决心脱离了编辑工作，跳到一家管理咨询公司成为一名市场调研员，工作很辛苦但他干劲十足。因为表现出色，半年后他被升为市场调研部主管。

为了突破进一步发展的瓶颈，2016 年 10 月他毅然提交了辞职信。回家休息了一个月后，开始求职，原以为自己有海归的背景和多年的工作经验，寻找一个经理的职位应该不难，但结果却让他大失所望。投出的简历如泥菩萨沉入大海，杳无音信，仅有的一次面试去后也没有后文。这是怎么了？难道是自己的能力不足，还是定位错了？两个多月的求职失败经历让曾经骄傲的王翼航几近绝望。

要知道，一味地变换方向，最后只能失去方向。我们不能因风吹草动就调转船头。有人问："一颗铁球和一根针，哪个能把布匹穿透？"当然是针了。一颗铁球，可以砸坏很多东西，却很难穿透布匹。一根针虽不能产生像铁球一样的破坏力，却能轻而易举地将布匹穿透。这就是一根针的力量，其奥秘在于针把浑身力量集中到一个小点上。

如果把事业之门比作一匹布，很多人穷其一生都未能穿透这块布，究其根源便是人往往抵抗不住各种华而不实的诱惑，忘了把力量集中到一个点上。今朝在这个诱惑下，把力气花在这儿，明日在那个诱惑下，把气力花在那儿；今朝在这儿挖一个坑，明日在那儿掘一个洞，到最后自然没有一口属于自己的、能源源不断冒出清泉的井。

变将就为讲究，经营好自己的长处

生子后重返职场的小章对朋友说："最近正在求职，相关的行业职位不多，薪水也不如以前。前天面试了一家公司，很有希望进去，但是自己不大满意也很不甘心。新工作的缺点：工作不是自己最擅长的；离家很远；只交社保、医保，住房公积金没有；工资也比以前低了3成。年纪大了，实在不想在一家不喜欢的公司将就着干，希望能一步到位，想再等等又不知道要等多久……好犹豫啊！"

成功者的原则是：去选择最能够使自己全力以赴的，最能够让自己的品格和长处得以充分发挥的职业。尺有所短，寸有所长。你也许兴趣广泛，掌握多种技能。但是，在所有的长处中，总是有你的强项。唯有充分利用了自己的长处，才能够让自己的人生增值；相反，你总是选择自己的短处，你的人生就只能贬值了。

正如美国政治家富兰克林所指出的："宝贝放错了地方就是垃圾。"我们一定要发现自己，认清自己是什么样的人才，适合做什么工作，择业时多"讲究"点，把自己放对地方，等待我们去采摘的，就会是人生甘甜的果实。反之，把自己放错位置，就会像毛驴拉磨一样，虽然周而复始，却无法改变命运，碌碌无为一生。

马克·吐温开始经商的经历就是把宝贝放错了地方；爱因斯坦之所以成绩斐然，广为人知，就是因为他懂得把宝贝放对地方。当爱因斯坦成为著名科学家后，以色列人民曾邀请他出任以色列总统一职，爱因斯坦婉拒了这种至尊的名利，称自己只适合面对客观事物，在行政与人际交往方面他一无所长。他明白自己的志趣不在政治而在科学，他成功把握了人生发展的方向，最终将自己铸造成一名伟大的科学家。

由此可见，"将就"害人不浅，"讲究"却让人受益匪浅，能够客观地评价自己是多么重要。过高估计自己，就会使自己眼高手低，好高骛远；过低估计自己，就会自卑消极，不求上进。二者都不能使自己的才能得到正常发挥，不能使自己释放出最大的能量。如果对自己的形象和身体、品德和才能、优点和缺点、特长和不足、过去和现状，以及自己的价值和责任，都有一定的认识，那么一生都将受用无穷。反之，就会走向成功的反面。

古希腊人把能认识自己看作是人的最高智慧。阿波罗神殿的大门上写着一句箴言："认识你自己。"如果你觉得无法对自己做出相对准确的认识，那么实践是个不错的选择。实践过程会让人清醒地认识自我，在实践的风风雨雨中通过成功或失败，检验自己方方面面的素质，重新认识自己该摆放在什么地方。

有些人认为自己应该当老板，就辞去公职，下海经商。在实践中，有的人成功了，新的事业蒸蒸日上；有的人却失败了，下海呛了一肚子苦水，只得踏上归途，去做原来的工作。实践过程最容易让人清醒地认识自我，对自己做出比较正确的估计。一旦人有了自知，就能明察自我，正确审视自我，充分发挥潜能。

俄国作家列夫·托尔斯泰年轻时曾经无所事事，游戏人生。后来在朋友的帮助下，他反躬自省，认识到自己身上的种种缺点：缺乏反省，缺乏毅力，自欺欺人，少年轻浮，很不谦虚，脾气太躁，生活放纵。他找到了自己的缺点，逐步克服后，潜心写作，先后创作了《战争与和平》《复活》和《安娜·卡列尼娜》

等名著，成为著名的作家。

自知是人们对自我认识的正确态度，是成功者的重要经验之一。自知能使人明辨自己在群体中的位置和与他人的关系，自知能使自己清醒处事，冷静评价个人的能力，能够促使自己更为贴切地把握个人的抉择，并有效地进行人生设计和自我训练。

在综合分析内在个性、个人能力的基础上，明确自己的职业优势和劣势在哪里，发扬优点，改正缺点，再结合职场状况、行业和岗位的情况，给自己找到一个坐标点，在那个位置上不断努力。如果你愿意这样努力着，如果你努力着并愉悦着，那么恭喜你，因为你没有把宝贝放错地方。然后，随着实际情况的发展变化，对职业发展做适当的修正和调整。这样，你的潜能将得到最大限度的释放。

紧盯有形的 money，还是追求无形的价值

工作中总是有很多令人感到不满的地方。其中，最大、最多的不满恐怕就是工资了。很多人给老板打工，总觉得拿到的钞票与自己的付出不成正比，甚至少得可怜，无法让人接受。有人说了："赚钱是最重要的，其他一切都是假的。"这句话初听上去好像很有道理，但事实果真如此吗？非也。

紧盯着money的人，往往忽略自己在一个行业的无形价值和前途，这是很多打工者工资涨到一定程度之后，无法突破自己工

资瓶颈的重要原因，也是他们失业之后，很难找到工作的重要原因。他们为了高工资和较好的待遇，从这家公司跳到那家公司，从这个行业跳到那个行业，每一次跳槽都是新的开始，每一次跳槽都是对他们已经拥有的无形资本的放弃。这样的人，无论怎么跳，都是在一条横线上平行地移动，能力不会有太大的长进，更不会积蓄自己的无形资本，自然难以实现突破。

一个人要想工作有所突破，不能以职位低下而消沉，不能以责任不大而松懈，更不能以工资不满意而频繁另谋"高就"，而应仔细想一想：除了工资，我还能获得什么？而不是简单地转身走人，加入"闪跳一族"的队伍。

正如"打工皇帝"唐骏所说："我觉得有两种人不要跟别人争利益和价值回报。第一种人就是刚刚进入企业的人，头五年千万不要说你能不能多给我一点工资，最重要的是能在企业里学到什么，对发展是不是有利……"

在SOHO现代城销售部工作的胡文俊，初次见客户时，非常紧张，脸憋得通红，手心冒汗，除了简单地介绍楼盘的情况外，他就不知道再说什么。客户问一些政策、投资方面的问题，他都回答不上来，只能睁着一双大眼睛，傻傻地看着对方。结果，客户失望地走了……没有销售业绩，奖金、提成自然没有。是去？是留？他犹豫了。

苦苦思索后，胡文俊选择了留下，他开始苦练沟通技巧。鉴于自己平时性格内向，不善于与陌生人说话，在发单时，他强迫自己主动向街上的行人介绍楼盘。刚开始他总是低着头说，后来说顺溜了，就看着别人说。两个月后，他终于有了第一单生意，赚了1万元。

过了一段时间，北京一家和SOHO现代城定位类似的楼盘来公司招人，许诺给两倍于现在的待遇，这造成大批人员跳槽。对方找过胡文俊之后，胡文俊仔细分析了形势：对方大举招人，肯定会网罗大批精英，自己虽然摸到了一些门路，但仍然不够强大，即使跳槽过去也难以立足。如果留下来，一则情况熟悉；二则精英尽去正好给了自己显山露水的机会，而且，他相信在同等情况下，公司肯定更相信忠诚的员工。于是，他谢绝了对方的邀请。

果然，"挖人事件"让潘石屹的公司人才极度缺乏，留下来的人马上都成了顶梁柱。已有两年经验的胡文俊立刻脱颖而出，业绩随即突飞猛进，一举跃到了前列。后来，他竞选为销售副总监。

胡文俊的经历告诉我们：一个人只有学会全面、通盘的考虑才能避免选择失误。在选择工作的去留时，除了工资，还有很多重要的因素需要我们考虑。要知道，我们的职业也积聚着特有的、无形的能量，这种能量，不仅包括所谓的"职业经验"，还包括在职场中积淀下来的精神、气质、眼光、胸怀和直觉等无法用"经验"来代替的东西。每当你在职场中扮演一个角色，一种特定的"职场能量"就会迅速在你身上聚起来。

不少工作经历已有七八年的职场"老人"们却说不清自己到底在从事哪个职业——他们为了金钱，今天做这份工作、明天做那份工作，但前一份工作和后一份工作几乎毫无关联度——使得他们本该已经是某个领域的资深人士了，却可能还在为找工作而犯愁，或者是还停留在职业探索期，对未来一片茫然。

在金钱的驱动下，盲目转换工作，使有些人的历史"职场能量"无法对其目前的职业经历提供任何的帮助，导致其在以往经历中积累下来的"职场能量"在这样的转换过程中化为零，于是，他们又重新变成职场新手了。

将"职场能量"归一次零，就好比在"职场大陆"上投下了一颗毁灭性的原子弹，我们的生涯就将因此遭受一次重大的创伤。再加上年龄、生活和环境等客观因素的干扰，我们将会在自疑、抱怨和气馁的消极情绪中，越来越同别人拉开职场中的差距。

明智的职场斗士，会在职场生涯的开始，或在面临职场转换的起始时刻，就将"职场能量积累"纳入个人的整体职业规划表中。他们不容许自己的职业前后脱节，不容许自己的"职场能量"轻易释放并归零，他们总会用尽一切办法，把每次职场的转换，连接到前一次到达的驿站轨道上。这样，职场转换对他们来说，是一种升级，而不是格式化。

"职业能量"的持续积累会产生"职业能级"的变化。虽然"职业能级"的提升并不代表"职级"的提升，也不直接代表薪资的提升，但它充分表明了你具备了更高职级、更高薪水的基础，只要时机合适，这些都不是问题，你会更加受赏识，会有更大的选择机会，会得到更多。

大公司选文化，小公司选老板

一头狮子带领的一群羊与一头羊带领的一群狮子决斗，你认为哪一方会赢？为什么？有人回答："一头狮子带领一群羊，必定打败一头羊带领一群狮子。"给出的理由是：狮子带领的羊终有一天会练就狮子般的战斗力，而被羊带领的狮子最多发挥出羊的水平。这种回答突出了领头人在博弈竞争中的核心地位。

此言不虚。在职场中，再优秀的人才如果得不到充分的发挥，也会慢慢地削减锐气。而普通的人如果经过高人的指点则会有很大的提升。换句话说，只有跟着有能力、有前途的老板工作，你自己才会有前途。如果你长期跟随一个老板工作，他的事业不但没有扩展，甚至还每况愈下，那么你这漫长的时光就等于虚度了。固然，等老板垮了，你还可以给别人去工作，但你多年的功劳、苦劳，不可能带进新的公司中去累积计算。

杨先生的第二份工作是在一家顾问公司从事咨询工作。那是他第一次接触咨询业，充满了热情却毫无经验，工作中错漏百出。幸亏他的上司是一个知人善用的领导者，上司不断纠正他的错误，并且给他充分的鼓励。他的每次进步上司都能给予足够的肯定。

不久杨先生的上司，升为副总经理，兼任部门经理。杨先生资历太浅，无法得到提升，但是却在上司的极力推荐下参加了季度管理会，在比较重要的会议上做报告，使能力得到了锻炼。

后来杨先生离开公司另谋他就，直到自己创业，他们依然有联系、杨先生对上司充满了感激，因为他让一个刚刚大学毕业的学生对事业始终保持着热情。

好老板就是一位好老师，他会使公司变成一个学习的地方。他给你信心，让你勇于承担责任，甚至对公司的一些老化的程序进行革新。他知道如何启发和教导你，能够真正给你带来教益。我们无法重新选择父母，但是却有权选择自己的老板。

无论是踏入社会没多久的年轻人，还是在职业场里摸爬滚打已久的中年人，选择工作时，可以参考这样一个标准：大公司选文化，中型公司选行业，小公司选老板。因为相对来说，越是小公司，老板在公司中的作用越关键。

选择一个好老板，可以给你看得见的未来。然而在现实中，很多年轻人在选择工作时经常是盲目的。他们在接受面试时总是问"月薪多少？""工作时间长吗？""福利待遇如何？"等问题。绝大多数人都忽略了一项重要的因素——选择一个好老板做自己的导师。

有人问：好老板应该具备哪些特征呢？具体如下：

（1）胸怀大志。

（2）有经营现代企业的观念。

（3）做事有魄力，但不莽撞。

（4）待员工宽厚，但不纵容。

（5）能刻苦耐劳，工作勤奋。

（6）在工商界能建立起良好关系。

（7）重视商誉，不投机取巧。

（8）有很强的自制力和毅力。

（9）有识人与用人的才能。

（10）有研究创造的精神。

那么，新进入一个公司或决定进入某一公司时，怎样去了解这个企业的老板呢？

首先，如果你已进入这个公司做事，你可以从同事、主管的身上去了解老板，也可以根据自己直接的观察。其次，如果你想进入这个公司但还没有进去，你只有从其他方面去获得资料了，如外界对这个公司的介绍、社会人士对这个老板的口碑等。不过，这种选择方式只适合学有专长而又怀有雄心壮志的人，对那些只为生活而工作，甚至只能做最基层工作的人，就不切实际了。

什么最重要？过去？现在？未来？

观察产业的重点是未来，不是过去，也不是现在。很多年轻人往往只将眼光盯在过去、现在较好的行业上，以为未来也必定如此。但是，世事难料，过去需求成长率高的好产业，很可能是未来的夕阳产业，所以，选择职业必须依赖前瞻的眼光，未来不是过去的延伸，过去的数据无法作为预测未来的依据。

而且当一个人接受"某某职业有前途"这一市场信息，并且按照市场信息去做出自己的职业规划时，另一个人也会同样接受到这个信息，并且做出同样的职业规划。在经过了整个培训周期后，就会出现某类职业人才过剩的危机。如果你不幸位列其中，那么，你就有可能面临被裁员下岗的厄运，再次成为找工作大军中的一员。

一份职业信息分析报告是用来参考的，而不是用来照搬的。有时候未尝不可逆向而行之，或许能获得意想不到的效果。因此，我们必须谨慎行事，认真去了解我们所接触的每份职业。选择一个好的行业、一份有前途的职业往往是决定个人成功的关键因素。个人选择一份职业与投资商选择一个行业一样，是一项浩大工程，必须收集众多整体与个别资料，加以整理并深入分析，才能做出一个合理的判断。

选择职业时，我们要问自己一个关键问题：这个工作适合我吗？一份职业也许有前途，但是却并不一定适合你。譬如房地产是一个暴利行业，但是，对于一个希望独立创业却缺乏资金的人来说却并不适合，因为这个行业需要有雄厚的资本和深厚的社会关系。因此，我们不能仅仅分析一个行业的发展前途，更重要的是应该分析自己在这个行业里是否能游刃有余。

人生总是充满了矛盾和缺憾，我们常常会发现，自己感兴趣的职业，其发展空间有限；那些存在着巨大发展空间的行业往往却并不适合自己。但是，毕竟我们的兴趣是广泛的，而且有许多潜能尚未被发掘出来，社会能够提供的职业空间也在不断扩充。只要我们有足够的耐心，就能在兴趣、前途和适合自己的职业之间找到某种均衡。

寻找自己所钟爱的职业，依赖于你的热情和现实可行的工作之间的平衡，这样就形成了一个综合的价值评估体系———一份合理的职业本身就不是单一的（譬如个人爱好），而是一个由多种因素组合在一起形成的价值体系。我们将兴趣放在价值判断的第一位，是因为它对于未来发展影响深远，而且是最容易被忽略的。

也许你年轻时有许多浪漫的想法，比如喜欢旅行，但是，你可能无法依靠旅行生活；也许你还对音乐着迷，但是你要看看音乐能否养活自己。所有的选择都没有一个绝对的、唯一的标准，你所要做的是找到一个符合自己兴趣和发展机会的平衡点。你可以在笔记本上：

（1）将自己所有的爱好和兴趣列出来，放在纸的左边，这个名单可能相当长。

（2）将它们按自己编好的强度进行排序。

（3）将位居末位的几项去掉。

（4）将我能够选择的职业列出来，写在纸的右边，这个名单也可能相当长。

（5）将它们按市场价值排序。

（6）将位居末位的几项去掉。

（7）将左右列表进行对比，找到一些共同的内容。幸运的话，共同点可能很多。

（8）将共同点单列出来，再做第二轮的筛选。

如果你通过冷静的研究，认清所选择的职业生涯的全部内容，了解选择的困难后，仍然对它充满热情，仍然爱它，觉得自己适合它，那么就选择它吧！你既不会受热情的欺骗，也不会仓促行事。

任何一个正确的决策都是基于对各种因素的综合平衡考虑，是平衡的产物。我们必须在现实和未来之间，在选择和被选择之间做出无数次选择。

脚踏实地，打造光辉的个人履历

在你的工作事业中，没有可以随意打发的东西。种下什么种子，将来必定收获什么样的果子，这似乎是一种因果循环。

做策划的李先生有过下述一段经历。

5 年前，我在一家营销策划公司工作，当时一位朋友找我，说他们公司想做一个小规模的市场调查。朋友说，这个市场调查很简单，他自己再找两个人就完全能做，希望我出面把业务接下来，他去运作，最后的市调报告由我把关，当然会给我一笔费用。

这的确是一笔很小的业务，没什么大的问题。报告出来后，我也很明显地看出其中的水分，我只是做了些文字加工和改动，就把它交了上去。对我而言，事情就这样过去了。

去年的某一天，几位朋友拉我组成一个项目小组，一块去完成北京新开业的一家大型商城的整体营销方案。不料，对方的业务主管明确提出对我的印象不好，原来这位先生正是当年那项市调项目的委托人。

因果循环，我目瞪口呆，也无从解释些什么。

　　这件事给我极大的刺激，现在返回头来看，当时我得到的那点钱根本就不值得一提，但为了这点钱，我竟给自己造成如此之大的负面影响！

　　许多时候，我们以为一些事情或人物不重要，会不经意地处理、打发掉，但这种随意、不负责、不敬业或者不道德的行为会造成一些很不好的影响或后果，在你以后的人生道路上，不一定在什么时候，突然显现出来，令你对当年的行为懊悔不已。

　　我们要记住，我们在职场做的工作，从当时看，似乎是给老板做的，其实从长远来看，都是为我们自己做的。我们做过的每一件事情，都贴着我们自己的标签，成为我们的工作态度和水平的印记。

　　小陈担任公司的人事经理。一上任，她就遇到棘手的事：因公司的经理们刚搬到几公里外的新办公室，留在仓库的雇员感到被忽视了，情绪波动很大，小陈一走，人心更加涣散。于是，她把自己的办公室重新设在仓库。事后，她又训练仓库管理员们进行故障检修员的工作，处理雇员关心的种种问题。由于她对这一切处理得非常妥当，她很快得到了提升。

　　我们的工作成为我们职业生涯的履历。它是否光辉，就取决于你对待眼下的每一个工作抱着什么态度。我们今天在这家公司工作，就要想到现在的工作会为自己的未来打造什么样的履历。因为金字塔不是一天造成的，任何职业生涯都是由眼前的工作积累起来的。前面的工作做好了，后面的工作才有扎实的基础。

　　准备一个记事本，详细记载下你在工作中的一些贡献，比如：

我曾经完成过哪些专案？是否较原定时间提早完成？提早的原因在于……

我曾经在哪些事情上节省了公司的资源？算一算节省了多少支出？节省了多少人力？

我曾经在哪些事情上增加了公司的营业收入？

我曾经为公司带进一些新的技术、做法，并且因而使得……（事情）获得改善。

我的开发能力如何？曾经开发新市场、新客户，使得产品之市场占有率提升……

我曾经从无到有地设立……项目，建立……制度，引进……技术。

我曾经解决了……问题。

当你承担更多的责任时，应随时记下你所取得的成绩，如为公司节省了时间、资金，或是令新产品问世等。这一业绩档案能从两方面帮助你：其一是你可用它来重写包括新责任的述职报告，其二是你可用它来重写你的个人简历。

向所投身的行业，宣布自己的存在

当我们还是青春年少时，我们简单地认为只要考上大学，人生的命运就可以改变。可是大学毕业以后，我们才知道，并不是有了文凭就能找到满意的工作。有太多令人羡慕的工作，我们做不了；即使有能力，也不一定有机会去做。世界仿佛一下将我们的梦想击得粉碎，这时，我们迷茫，我们无所适从。

有句话说得好："如果你迷茫地不知道要到哪儿去，那通常你哪儿也去不了。"每个人都要走自己的人生之路，但究竟该走什么样的人生之路呢？人生之路又该如何规划呢？很多人的心中并没有明确的目标，只是不假思索，匆忙选择，急急地上路；只是简单地想着：不管什么路，先上路再说，实在不行再换。殊不知，很多时候，我们仅仅知道走路是不够的，更要清楚该走什么样的路。如果一开始就选错了路的方向，速度越快，离目标就越远。

能否花时间好好思考和规划自己该走什么样的路，往往成为成功者与平凡人之间的分水岭。或许，你根本不用自己去选择和规划，因为父母已经帮助你做好了一切，但是，父母或别人给你安排的真的是你想走的路吗？又真的适合你走吗？父母安排的路是否适合你，一定要先考虑清楚。

有的人即使选择了自己要走的路，但也只是根据自己现有的条件去选择，根本就没有对未来要走的路进行一个全面的规划与设计。有的人有目标，但也只是考虑眼前的利益，而放弃了长远的目标，结果，与当初的理想背道而驰。

人生就是一个始终自我规划而又不可松懈的过程，如果只是懵懵懂懂一无所终地走下去，未来就很有可能过着或困窘或一成不变，或奔波或平淡无奇的生活。人生从来都不是一个轻松的过程，盲目的、散漫的、毫无规划与目标的生活，更是增加了人生的败笔。

成功的人生需要正确的规划，你今天站在哪里并不重要，但是你下一步迈向哪里却很重要。只要有可能，我们还是应该对自己所走的路进行详细的规划，分清阶段，划分步骤，认真计划每一步应该怎样走、每一步用多少时间、每一步达到什么目标，尽量清晰明白。

《福布斯》世界富豪、日籍韩裔富豪孙正义在19岁时曾做过一个清晰的50年生涯规划：20多岁时，要向所投身的行业，宣布自己的存在；30多岁时，要有1亿美元的种子资金，足够做一件大事情；40多岁时，要选一个非常重要的行业，然后把重点都放在这个行业上，并在这个行业中取得第一，公司拥有10亿美元以上的资产用于投资，整个集团拥有1000家以上的公司；50岁时，完成自己的事业，公司营业额超过100亿美元；60岁时，把事业传给下一代，自己回归家庭，颐养天年。孙正义正在逐步实现着他的计划，从一个弹子房小老板的儿子，到今天闻名世界的大富豪，孙正义只用了短短的十几年。

这启示我们：应该花时间多考虑一下，对未来要有一个充分的规划和预期。每一步应该怎样走，心中都要有一个明确的计划。与其说成功是站在自信的一方，不如说是站在有计划的一方。我们不能只是为了有路可走，就盲目地进行选择，抱着走不通再换的想法。否则，最后输掉的是年轻的资本。

"两点之间，直线最短"，在人生旅途中，也是这样。无论我们做什么事情，都需要有属于自己的原点和目标点；要知道哪里是原点所在，更要了解目标是什么。如果没有原点，就会让你不知从何下手，无法有好的开始；若缺乏目标，就不知要何去何从，浪费了宝贵的时间与精力，会使你没有方向，最终平平庸庸，甚至一事无成。

所谓原点，就是要了解自己目前的状况与能力，以及条件是否具备。而目标就是你真正想要达到的境界、完成的理想。它一定要非常明确具体，可以衡量又容易追踪。唯有先确定原点及目标点，才能像火箭般以最快的速度奔向目的地。彻底结束职业困境，当从确定职业方向开始做起。扪心自问以下三点，为自己规划一个未来，早点走向正确的人生切入口，等我们30岁左右的时候，也可以向所投身的行业，宣布自己的存在！

（1）我的原点在哪里（优点、缺点、专长、嗜好）？

（2）我的目标点在哪里（短、中、长期的目标）？

（3）直线如何构成（怎么利用现有的一切达到目标）？

入职：工作前 5 年，从"菜鸟"到"达人"

一个人的成功过程好比堆沙丘，必须先打好地基。而打地基则需要大量的沙子做铺垫。虽然任何一把沙子可能都不足以产生立竿见影的效果，但一把把的沙子经过点滴积累，就会形成沙丘。职场中，我们要练好基本功，积攒起一把把的"沙子"，因为这是"沙丘"现身的前奏。

从"底层"锻炼，到自抬身价找个"高起点"

踏入僧多粥少的就业市场，不少毕业生想得更多的是："我要从底层做起，一步一步前进。"这看起来的确很务实，但是也很有可能让你的前途蒙上一层阴影，不可预期。你也很有可能在底层摸爬滚打的过程中，渐渐丧失掉最初的希望和热情，从而迷失方向。

从某种程度上说，处在底层，会与一些小人物为伍，很难学习到什么东西，而位居高位，则能给自己一个更高的理想。因此，在职位上努力向上攀登十分重要，对长远发展也是意义深远的。登高才能望远。当你提升一个职位，就有机会将周围模糊不清的东西看得更清晰了。

案例一

有一位刚刚毕业的年轻人，在一位经验丰富的朋友的指导下，精心制作了一份《个人完全推销手册》，仅面试一次就被一家大公司录用了，并且获得了超乎想象的高薪水。需要说明的是，年轻人并不是从底层一步步做起而获得高薪的，而是一开始就获得了副经理的职位。假设从普通的一名公司员工一步步做起，得到副经理的职位要花费不下 10 年的时间，所以，那本《个人完全推销手册》为这位年轻人节省了10年的时间。

案例二

小陈毕业后，找了份做助听器代理销售的工作。一开始，小陈就对这份工作感到不满足，不过他还是坚持做了两年时间。后来，他下定决心，一定要改变自己的现状，要成为一名销售经理。后来在他的不懈努力下，目标终于实现了。难得的是，这次成功使他获得了脱颖而出的机会。虽然只升了一级，但对他来说，这一级非常关键。

小陈取得了优异的销售业绩，引起了他所在公司的竞争对手——一家经营助听器的公司经理老韩的注意。有一天，老韩请小陈吃饭，说服小陈加入自己的公司，因为他可以给小陈更高的职位。为了考验小陈的实力，他被派往天津工作三个月。对小陈而言，一切又回到"零"的状态，需要自己一个人重新开始，挑战一份新的工作。他非常努力，表现卓越。没过多久，他被提升为副总经理。

从这些例子中，我们不难看出，在职场中，如果能站到更高的起点上，会使你在竞争中处于更有利的位置，获得他人难以获得的机会，会攀升得更快。然而现实中，很多人还是难以逃离从底层一步步攀升的宿命。要想在竞争中抢占先机，占据更有利"地形"，你需要有抬高自己身价的意识，这样才能在竞争对手中脱颖而出。而身价的提升，除了最基本的方法——努力工作，增强实力外，还有一个办法是"自抬身价"。

在竞争如此激烈的现代社会，"自抬身价"是一种有效的生存手段。因为他人没有时间来充分了解你，或者对你估量不足，如果你适度抬高自己，就等于给自己标了一个新的价格。在现代社会，人就像商品一样，都有自己的身价。如果给自己的标价太低，别人可能会瞧不起你，相反，标个高价，别人会认为你了不起。

一般来说，自抬身价分两种情况。一是自身确实有价值，而别人评价不足；二是你有七分的才能，却出九分的身价。两种情况都可以自抬身价。

特别提醒的是，自抬身价要注意适度。首先，不要抬得明显超过你的能力，否则你抬得越高，摔得越惨。其次，抬身价要参考行情。如果你的身价低于行情，会给人一种 "次品大甩卖" 的感觉，别人也会把你当成廉价品，不予重视。如果你的能力也够，可把身价抬得高出行情一点。若高出太多，除非你快速提高自己，否则别人迟早会看不起你。

再有，自抬身价要掌握火候和时机。如果你不合时宜地四处兜售自己，容易给人吹嘘的感觉。如果你能在适当的时候自抬身价，比如有人需要你的时候、大家讨论到你的时候、别人问你的时候，就显得很自然，效果也会很明显。

我思故我在：思 "变" 才能稳获 "金饭碗"

就人生发展阶段而言，大学毕业生仿佛是起于深山的璞玉，需要经过雕琢才能成器。一方面，社会在锻造、磨炼着他们；另一方面，他们的"质地"、志趣也在能动地选择着适合自己生长、发展、创业的环境和土壤。其实，很多人的发展目标往往是在这样相互选择的过程中才最终确定下来的。

在当前这个竞争激烈的社会中，莫再迷恋"铁饭碗"，与时俱进才是根本。因为自从时光老人从容地步入21世纪后，它就用残酷的竞争向世人无声地宣告：如今的社会没有人会捧着一个让你受用终身的"铁饭碗"永远等着你，"铁饭碗"已变成了"泥饭碗"，处处都存在危机。这种危机存在于每一个行业，"职位终身制"时代已经一去不返。用西方人的话来说，我们已经找不到一块让我们享用一生的"奶酪"。

遗憾的是，很多员工却感觉不到危机的存在。他们到公司没多长时间，感觉自己能胜任一项工作，游刃有余，便陶醉于眼前的美好光景，在工作中不求上进，以为抢占了先机便可以从此高枕无忧。殊不知，一场场无情的职位淘汰赛正在铺天盖地地袭来。能在某个"单位"工作30年甚至在一个地方"窝"一辈子，每天都从同一条路上经过，走进同一个房间，坐在同一张办公桌前，日复一日、年复一年的工作模式已经不复存在！

很小的时候，我们就从书本或他人口中得知：风一吹过，河水就会有所损耗；太阳一照射，河水又会减少。风和太阳一起不停地吹晒河水，而河水却丝毫没有减少，这是为什么呢？其实答案很简单：唯有源头活水来。影子不仅要依附于一件实物，还要有光线才能存在。实物不在，阳光不照，也就没有影子。这就是自然界中事物彼此相依相存的道理。

　　自然界的这些规律也同样适用于人类，一个人的生存、发展，也必须依赖于特定的条件。条件改变了、消失了，个人也必须改变自己生活的方式，寻找新的生存条件。如果条件变了，过去生存、发展的条件不复存在，个人仍故步自封，那危险就要来临。

　　我们手中的"饭碗"已经变得不稳定。要想让这个"饭碗"保持"金"光闪闪，就得思变。当上司提醒你要学会新本事时，如果你无法适应新的要求，你就有被刷掉的风险，因为老板可以找到比你更适合那个职位的人。也许新人除了能做你原来的工作外，还有其他能力，而老板付出的薪水却是相差无几的，这样，新人就比你更有就业的优势。

　　相信不少人都听说过"一小时走人"的安然裁员事件。在安然公司破产案中，当时的情景可能令他们的员工到今天都还难以忘怀。不少被公司裁掉的员工不约而同地说："被炒鱿鱼前，我是一点心理准备都没有，甚至没有一点风声，都是突然把人叫过去，人事部门的人板着脸说，'你被解雇了'，然后发给遣散费，要求把公司的文件、资料和钥匙等物品留下来，并把个人的东西收拾好，限定一个小时内离开公司，从此和公司没有任何关系。"

　　思"变"才能稳获"金饭碗"。这是因为一个企业的经营如世间任何事物一样，都在发生着变化，它对人才的需求可能也发生难以预料的变化。所以现代企业裁员、换人是常有的事。这也是现代社会打工一族越来越感到缺乏安全感的原因。再有，一家公司本来经营某种项目，需要某种人才，但随着市场的改变，公司的发展战略有变，要经营一种更赚钱的新项目，如果你只精通原来的项目，而不懂新的项目，自然成了新时期下的无用之人，当然就在被淘汰之列。这不是你的错，也不是老板的错，而是现实的需要。任何人都要服从市场。

当然，还有一种可能是，该项工作本身的消失。随着社会的不断变化，注定会有一些工作消失。过去，马车夫消失；前些年，排字工消失；近几年，寻呼人员消失；在语音识别软件日益完善的大趋势下，极有可能导致速记员的消失。那么，你手头上的这个工作，会不会也有消失的那一天——也许今天你还拥有它，但是，明天早上起来，它可能就会不见？如果有，你就要未雨绸缪，趁早为自己打算一下了。

所以，我们要拥有一颗忧患之心，永远不要以为自己的职位是牢固的，无论现在是多么的春风得意。不管是进入职场没几年的人，还是比尔·盖茨都时刻怀着危机感，他说："微软离破产永远只有18个月的时间。"只有居安思危，时刻警惕，未雨绸缪，才能使自己最好地适应不断变化的社会，才能永远走在时代的前列而不被淘汰。

曾有一项针对跨国公司高层的调查：如果他们可以在一夜之间将公司中的所有"无用"员工都裁掉，那么他们会裁掉多少？结果显示：这一比例在60%~90%之间！如果数据的真实性毋庸置疑，那我们就必须面对一个事实——没有人不可替代。

没有永远的职位，只有永远的变化。我们必须与时俱进，找到应付变化的良方，才能在未来的竞争中取得一席之地。

先 "专" 后 "全"，成为职场 "香饽饽"

　　目前市场上稀缺的，广受企业喜欢的 "香饽饽" 往往是在某领域有专才，而且具备其他能力的综合性人才。因此，不管学什么，你一定要学会一两种专长，让你的上司认为："这点我的确比不上他。" 在做到这一点的前提下，再努力让才华向其他领域开枝散叶，尽可能地向全面人才进军。只要这些对老板有所帮助，他就有不得不用你的理由。

　　中国香港有一位年薪千万港币的高级白领上班族，他总结自己的成功秘诀在于："想办法让自己成为专业人士，而且要不断地加强它，让自己变得无法取代，你就会变得很值钱。"

　　他说："现代的社会是知识经济的时代，已经不只有360行，而是360万行，社会经济分工越细，做一个全才就越不可能，而且被取代的机会就越大，只有成为一个专业人士，才是增强自己优势与卖点的不二法则。"

　　比如，要制作出一套办公家具，从原料式样的剪裁，到组装设计，需要一套非常繁复的流程。有一位在深圳专门制作办公椅滑轮的台商，只专心做整个流程的一个环节，而且做到了品质最好、成本最低的专业水准，结果成了全世界的座椅滑轮大王，全球市场占有率达到七成以上。

　　这个例子告诉我们，每个人在经营自己时，应该同样定位自己为一个专业的角色，并且在选定专业领域的一个环节中，努力做到最好、最杰出，这样就离成功不远了。因为专业人才是企业永远需要和依赖的。

职场人的学习渠道至少有三种。一是"学习与工作分离"，二是"在工作当中学习"，三是"把学习放在工作中"。在微软，据统计，员工工作中的技能和知识，70%是在工作中学习获得的，20%是从经理、同事处学到的，剩下的10%是从专业的培训中获取而来的。

"在工作当中学习"和"把学习放在工作中"是两种最有效的学习方式，它们能使承担某项业务的"门外汉"最迅速地转化成"合格者"，并最终成为一个很"专业的"人才。那些能在工作中发现自己的弱项，并努力在工作中弥补自己所缺知识的人，可以从打工的经历中学到最多。

1923年福特公司有一台大型电机发生了故障，全公司所有工程师会诊两三个月没有结果，特邀请德国一位专家斯泰因梅茨来"诊断"。

斯泰因梅茨在这台大型电机边搭帐篷，整整检查了两昼夜，仔细听电机发出的声音，反复进行着各种计算，最后踩着梯子上上下下测量了一番，最后就用粉笔在这台电机的某处画了一条线做记号。然后他对福特公司的经理说："打开电机，把做记号地方的线圈减少16圈，故障就可排除。"

工程师们半信半疑地照办了，结果电机正常运转了。对此众人都很吃惊。

事后，斯泰因梅茨向福特公司要一万美金作为酬劳。有人嫉妒说："画一根线要一万美金，这不是勒索吗？"斯泰因梅茨听后一笑，提笔在付款单上写到："用粉笔画一条线，1 美元；知道在哪里画线，9999 美元。"

这就是专家的水平。看上去，他个人所得的实在是太丰厚了，但如果仔细琢磨起来，这条线能够画得如此准确，凝聚了他多少心血。而且如果不是他画准了这条线，福特公司为排除这一故障不知还要花出比这多多少的价钱呢。

总之，你要尽量培养本领，将它积存起来。你不需要表面上的财富，可是你的内涵却必须十分富足。

在选择工作时，你要着重考虑的一点是，能否在工作中培养自己的一项专长。

小蔡和小姜是同时进某电脑公司的计算机系硕士毕业生，小蔡坚持不放弃计算机网络专业，当了一名网络开发工程师，小姜则应聘行政助理，放弃了计算机专业。

在日新月异的计算机领域，小蔡跟上了发展的步伐，三年后当上了网络工程主管，而小姜却忙碌于无休无止的行政事务，彻底放弃了计算机技术。

开始时小姜的收入要高于小蔡，可后来还不及小蔡的一半，当然在公司的地位和作用也不及小蔡。

在工作中，有时暂时的薪水不是最重要的，应该考虑的是更长远的方面，譬如培养一项很强的专业能力。在某一个领域，公司必须依赖你，那你还担心被同事打败，或者被公司炒掉吗？

超越老板的期望，成为最佳工作者

我们给老板打工，想在公司有地位，首先要博得老板的赏识，让他刮目相看。不过在平凡的工作中得以表现的机会少之又少，如果事事都听从老板的安排，只是一味地按部就班执行老板吩咐的人，这种机会几乎等于零。

出其不意，灵活机动地想到老板前面，超越老板的期望，把工作干得漂亮，能够为公司创造高效益的员工，自然不能与一般员工同日而语，地位与职位都将会有较大的提升。任何事都听从老板指派，工作没有灵活性与创造性的人，很难做出突出的业绩。这样的员工自然得不到老板的重视，别说升职加薪，能保住饭碗就算不错了。

在老板面前，利益永远是第一位的，只有永远的利益，没有永远的老板。聪明的员工都懂得：干得越漂亮，地位才会越重要。老板对你好，那说明你还有价值，如果没有用了，老板想到的就是在第一时间把你扫地出门。如果想牢牢地抓住现在这个饭碗并获得更好的待遇，就得让老板依赖你，离不开你。

所以，我们就不能有半点松懈，得处处高标准、严要求，认真工作，全力以赴做好每件事，并不断提升自身的能力与素质。积攒的资本越多，你的含金量就越高，此时的老板，会像对待金元宝一样对你爱不释手。

史蒂芬大学毕业后，到一家著名机械制造公司工作。虽然一技在身，勤劳肯干，但是并未得到公司的重用。在他工作后的第二年，公司产品质量出了问题，许多订单纷纷被退回，公司将蒙受巨大的损失。公司董事会为了挽救颓势，紧急召开会议商议对策，当会议进行一大半却未见眉目时，史蒂芬闯入会议室，提出要直接见总经理。

在会议上，史蒂芬对这一问题出现的原因做了令人信服的解释，并且就工程技术上的问题提出了自己的看法，随后拿出了自己对产品的改造设计图。这个设计非常先进，恰到好处地保留了原来机械的优点，同时克服了已出现的弊病。总经理及董事会的董事见到这个新员工如此精明在行，便询问他的背景及现状。史蒂芬当即被聘为公司负责生产技术问题的副总经理。

原来，史蒂芬刚来时，被指派到一个小车间工作，并未得到他想要的职位。可是他并没有因此产生情绪，而是认真工作，他相信只要自己努力，一定会得到认可。于是在工作之余，他细心察看了整个公司各部门的生产情况，并一一做了详细记录，发现了所存在的技术性问题并提出了解决的办法。他花了近一年的时间搞设计，获得了大量的统计数据，为最后一展才干奠定了基础。

在社会上，能够做好例行工作的人很多，但是在公司面临难关时，能够有所贡献的人却很少。能做在公司关键时刻解决问题的人，可以显示出自己的价值，从而得到重视与重用。

很多人的错误在于对于工作没有一个正确的认识，仅仅把完成本职工作当作最终的目标，只是为了工作而工作，很少花心思在钻研上面，只是不出错误地把分派的工作做好就算是完事大吉。他们不再学习，不再研究业务。

没有哪个老板喜欢雇用死板工作的下属。老板喜欢能够给自己带来惊喜的员工，这样的员工运用自己的智慧和才干，把工作做得比自己预想的要好。老板希望自己的员工能够主动研究更多的业务和知识，把知识用到工作上，不需要督促，主动把工作效率提高。越是卖力的员工老板越喜欢。

有些人常想，工作反正完成就行了，干好了一分钱不多拿，干不好也不少一分钱，何必给自己找苦吃呢？于是得过且过，工作只要说得过去，不出错就没有什么问题。其实，这种想法是大错特错。要知道，不努力工作的后果就是你可能被别人替代。

被炒鱿鱼也怪不得老板，毕竟他不是仁慈的上帝，不是救世主，他没有义务因同情而给你一份工作。利益永远是排在第一位的，老板首先要考虑的是赚钱，如果你这棵树上没有了金元宝，老板是不会白养这棵树的，迟早被拔掉的命运注定无疑。反之，如果你一专多能，多技在手，让老板觉得用得其所、物超所值，假以时日，你自然会有加薪升职的好运。

像了解爱人一样，了解公司的权力结构

有些人在公司或企业中待了很多年，当初一起进来的同事大都高就升官了，相比之下，他们仍然是默默无闻的小卒。我们也许认为这样的职员很可怜，也很可悲。在同情的同时，我们不免

要问，你对公司没有根本的了解，怎能轻易地去接受工作、获得好的结果呢？

俗话说"工欲善其事，必先利其器"。在公司或企业中，要想鹤立鸡群，赢得竞争的优势，就得像了解爱人一样，了解公司或企业的权力结构。

你需要清楚谁真正控制局面、谁拥有资源、谁又对你的存在具有重要的利益影响等，一旦对这些有了更好的了解你就可以更自如地在其中维系发展。

要知道，组织越大，人际关系也越复杂。大公司不像小公司，彼此关系一目了然。在大公司里利害关系更复杂，因此也容易产生一些"派系"问题。

上司都希望能得到下属的支持，而且拥护者越多越好。不论是看法与自己一致的下属，或对自己唯唯诺诺的下属，上司都想纳入自己的旗下。

可是对做下属的人而言，如何跟对人，是颇费神的一件事。哪个上司是真正看中自己的才华，哪个上司能使自己的才华得以发挥，你必须小心观察。

要了解这些，就必须了解公司内的人际关系。而这些方面可以通过公司旅游或聚餐等，在与其他人共处的场合中，看看上司对自己的态度如何，就可窥知一二了。当然，利用同事间的消息传达，也是一个好方法。

当然，得知了这些资讯，并不是要我们不择手段打入某个团体中。我们只要静静旁观，不被卷入不良团体中即可，保持中立是绝佳法则。

如果可能，尽量到容易出业绩的市场去。选择一个容易出业绩的市场可以让你在很短的时间里就成为公司里一颗耀眼的明星。

容易出业绩的市场一般可概括为：①尚未开发的新市场，包括公司还没有开发的和不准备开发的市场；②明显具有发展潜力，已有人开拓但失败了的市场。这两类市场都有一定的风险，但是风险越大，回报也越大。公司对于此类市场的开发一般都给予一定的前期政策支持，所以一旦政策扶持、个人能力和市场机遇三要素组合到位，那么你成功的时间就不远了。

竞争非常道：建立你的个人支持系统

在激烈竞争的职场中，每个人都有可能成为别人的上司或是下属，当你是下属时，是否有过这样的困惑：纵然自己每天忙上忙下，仍然与加薪、升职无缘。这时你是否开始责怪命运的不公平呢？与其埋怨、疑惑，不如冷静地回顾以往的工作，重新审视一下自己，扪心自问："我是否积极建立起了自己的个人支持系统？"

你的未来掌握在你的上司手中，他对你工作的评价很重要。你应该努力地帮助他获取成功，并找到他用以评估你工作绩效的最主要标准。

要显示出个人工作能力。个人所具备的工作能力往往比其他方面更能赢得尊重。比如说你的工作是管理，就应该让他人看到你能像一只钟表那样准确地经营自己的业务，公司范围内的问题从来没有出自于你的部门，而且你的员工都得到良好的激励并处于控制之下。

除了干好自己的本职工作外，适当地送点礼品给上司表达一下自己的心意，更能锦上添花。但是所送出的礼品要符合上司的身份、地位。比如说你的上司是集团公司的副总，逢年过节时，你就不能单纯地给他送点年货、带鱼和瓜子之类的东西，虽然他也会买这些东西，但是和他的身份不相符。

此外，为了得到上司支持，要把荣耀归于你的上司，要善尽职责、避免上司犯错、替上司排忧解难、真诚地赞美上司等。

如果在一家公司内没有朋友，尤其是没有那些有影响力的朋友，你将会感到尴尬或孤独。因此，在组织内部适当地选择一些人建立特殊的关系是一种明智的做法，要与那些在组织中有影响力或其职位使其具备影响力的人交朋友。

要与本部门所在产品或劳动流程中先于你或后于你的环节中的关键人物建立良好关系。如果你所做的事对他们来说是合理而舒心的，那么在你需要帮助时，他们会如你所期望的一样帮助你。

当然，在重要的辅助部门建立关系也不容忽视。如果你是一条生产线上的员工，或是一线部门的员工，你就要和工薪、会计核算、销货订单、后勤服务、存货及生产控制等部门的人搞好关系，获得值得信赖的建议及意外的合作。

总之，建立支持系统因为常为人所忽视而尤为重要。在很多时候，只有通过首先表明你在某种意义上履行了自己的义务，你才能够建立这样的关系网。施惠于人才能获惠于人。你讲别人的好话，别人也会说你好，这当然是一种策略，你必须面对这样的现实：个人支持网络的建立是依赖于这种平等交易的。

工作就像红绿灯，红灯停，绿灯行

有过炒股体验的人们大多都知道：交易就像红绿灯，红灯停，绿灯行。这就是股市里的规律，必须遵守。违背规律，就要付出惨痛的代价。违背规律的人，永远与财富无缘。其实，身在职场，有时候工作对人而言，也好比是红绿灯，该停就得"停"，该走就得"走"。

现年28岁的小杨，大学毕业后，就到一家公司做业务员，转眼已经五个年头了，但薪水总是得不到提高。他也曾鼓起勇气与老板谈过几次，但老板总是以公司的体制，以及日后公司发展将带给小杨的美好前景为由，让小杨"眼光放远点"，以大局为重。

其实，小杨工作很努力，也曾有多家同行业要用更高的薪水和职位聘用他，他也曾想过要出国深造加强自己的专业。但年轻的他，总在老板不断地挽留下妥协，选择继续坚守岗位。最近一年，受金融危机影响，经济不景气，小杨业绩大幅滑落，原来老板对他"关爱"的眼神，也开始转为"不耐烦"。小杨突然明白在市场经济的结构下，老板只注重你创造的利润，创造不出利润的人，就是公司的负担。

小杨很气馁，便有了另觅新东家的打算，只是现在同行业都在紧缩人事成本，遇缺不补。更让小杨怨叹的是，不久前遇到一个和他同时进入公司的同事，后来跳槽到另外一家公司，目前已经升为经理，他不禁跟这位同事大吐苦水。后来，从这位老同事口中得知自己迟迟没有加薪升职的理由，竟然是老板认为："现有的薪金，已经足够让他卖命了！"这让小杨久久无法释怀，他很后悔，当初为什么没有趁机跳槽，或出国学习，让自己有重新被估价的机会。

一个人的职业如同他的伴侣，会消耗一生大部分的精力和时间。据测算，工作的人一生在办公室和同事相处的时间（每周约39.1小时）比和伴侣醒着相处的时间还要长，所以，人们有理由慎重地找寻职业。那么，什么情况下需考虑果断地换东家，辞职走人呢？

1.你的劳动不被认可

小徐是某公司的业务咨询员，一直积极努力，可是上司却从没赞扬过她。"我时常听到领导埋怨我什么事办得不精确，或迟到了，或者有什么合同没办妥。"小徐常沮丧地说，"可我希望听到积极的反馈，希望不止一次地听到，可是没有，我感到受挫，只想回家不想工作。"

工作中的不顺心累积在一起，会演变成愤怒，有可能导致某天你在上司或同事面前狂风暴雨般地发作，这只能使自己处于更被动的境地。也许你对自己究竟在什么地方有欠缺并不十分清楚，不妨约你的上司谈谈，向他说明你目前的感受，问问他，你如何做才能更好。你也许能从上司的言谈中，弄明白你还能在这个行业中走多远。

2.感到百无聊赖

小胡毕业后，她的同学大多去了会计师事务所和咨询公司，而小胡不喜欢这种没日没夜加班的工作，于是去了一家国有银行。但是她仍然不喜欢，天天无所事事。她注意观察同事，觉得他们也无所事事，简直是在浪费青春年华。正好大四时兼职的一家网络公司的市场部有意招她，又肯帮她出5000元违约金，小胡便跳了槽。

3.感到"前途渺茫"

你觉得自己有可能被提升吗？或者，前面是不是一条死胡同？你的职业有时候如同你结交的异性朋友一样，你总想知道，有一天，你能否得到一声意味深长的承诺，否则，你就该抽身退出了。人不该长期待在一个梦想无法实现的地方。

4.感觉不到快乐

有些人因为性格内向，特别不愿意在众人面前讲话，每当遇到那样的场合，都觉得是在受刑；有的人对所从事的工作感到力不从心，为无形的压力而苦恼。

小曾以前做过律师，现在是某公司市场部主管。她说："做律师时，每个星期天的下午我都会陷入茫然无助的情绪中。最

终，我确认自己不再适合做律师，而重新接受培训。我从不后悔
自己所做的抉择。"

此外，当你感到企业文化不好，比如同事们溜须拍马、迟到
早退、钩心斗角的现象层出不穷，人际关系十分复杂，而且职位
和薪水上涨极其缓慢，或感觉学不到东西时，也应该思量一下如
何走下一步棋。

什么时候跳槽，跳到哪里去

一棵大树上，有一个部落的猴子，可以分为三类，智商50以
下、50~150、150以上。每只猴子死后升入天堂时，都要回首看
看，它这辈子占据的树枝上，产了多少果子——基本上每只猴子
在某一段时间内都会占据一条树枝，如果这条树枝长了果子，
就归它所有；如果离开，或者被赶下来，这之后的果子就会不
属于它。

当然，最幸福的猴子是占据一个小树枝，而这个小树枝越长
越大，果子越长越多，而且它能长期拥有。这是所有猴子的事业
梦想。

智商50以下的猴子，没什么想法，平生第一次睁开眼睛能抓
东西时，就扑到一个没什么人的枝条上，抱住不动。

智商150以上的猴子，一眼就看出来哪些小枝条以后要成为大
主干，而且向上长有足够的空间。于是穿过芸芸众猴，轻轻跳上

小枝条，小心抱着，好好爱护。

智商在50~150之间的猴子，虽然能辨别出枝条与枝条的不同，但却不能找到真正的大树枝。聪明使其自信，并立意寻求更美好的生活和事业，但又不足以看到超过三年的未来趋势。于是它们每1~3年就觉得现在的枝条不好，没有前途，会换一个枝条再抱。

可是慢慢地，它们（智商50~150）逐渐发现，每次换的时候，都只有一些在下面的、还没长起来的小枝条可以跳上去，其他的上面的大枝条不是已经长上去了，离现在的位置太高，就是已经被占领了。

跳槽最重要的是把握好时机，犹如买卖股票一样。如果把握不好时机，盲目乱跳，则像智商中等的猴子一样，没有一个好的坚持，只会越跳越糟。

有位职员在一家公司已经服务七年，公司正准备提拔他时，他却提出了辞职，原因是另一家公司愿出更高的酬金聘用他。可是半年后，他又去找工作了，原因是所去的那家公司因管理不善而破产了。那位职员最后后悔不已。

跳槽不是一时的冲动，应该慎重行事。什么时候跳，跳到哪里去，很有讲究。不合时宜的跳槽，只能越跳越穷，白白浪费时间和精力。而成功的跳槽，会更有利于自己的事业。它不是单纯地对高薪或高一级职位的追求，而是对职业生涯进一步发展的追求。越跳越高，高的不仅是薪水和职位，更重要的是，使你的职业生涯像芝麻开花一样，步入高阶。

赵斌毕业于 2007 年，学机械设计出身的他由于不喜欢机械类专业，而转入了销售行业从事销售类工作。经过一年多的时间，他感觉压力越来越大，尤其是业绩的压力让他时刻都有喘不过气来的感觉，于是他有了脱离这个行业的念头。

偶然的一个机会让他凭着自己四年的专业背景进入了一家工厂从事机械设计工作。一开始感觉还不错，工作也比较轻松。但时间一长，问题又出来了，他感觉现在的工作枯燥无味，没有发展前途，于是又重新谋求了一份行政类工作。

眨眼间几年的时间过去了，他年龄也大了，可对于工作却还在徘徊犹豫之中。面对迷茫的前程，他陷入了困惑。

每个人在工作有成就之前都会碰到很多的困难，有时甚至会感到绝望，这时大部分人都会放弃。但是放弃其实并不是最好的办法，如果你没有在困难里学会对付它的办法，在新单位你一样会一筹莫展。在事情尚有可为时放弃努力，这是很愚蠢的。

是不是非跳槽不可，这个问题一定要问到自己心里有清晰的答案，如果现在的单位还有很大的发展前途，就轻易不要离开。当你有转换工作的念头时，不妨仔细想想以下问题。

（1）我为什么要换工作，人生的未来目标是什么？

（2）新工作对未来目标的实现，有哪些具体的帮助？

（3）留在原来的环境工作，还可以得到哪些进步？

（4）我现在碰到哪些问题，会在新的工作上重现？

（5）我已经具备解决这些问题的能力了吗？

对这些问题想得越清楚，那么跳槽后的成功机会就越大。

没有真正地改变自身，一味地依赖外界的刺激，想扭转心情，甚至改变命运是很难的。只有看好新的工作，清楚自己想做的是什么，才能在新的工作岗位上有令人耳目一新的发挥，获得让别人刮目相看的成就。

拐点：工作前 5 年，从打工者到职业人

打工是为了赚钱，职业人是为了经营自我。职业人把自己的专业和特长毫无保留地奉献给自己的职业，干一岗、爱一岗，为自己工作。跨越打工思想，积极成长为一名职业人，是工作前5年的重要目标之一。

注重修炼，小人物也有大江湖

据报道：小白，从北京联合大学商务学院市场营销专业毕业后，应聘到北京石油化学工业有限责任公司下属的北京化二股份有限公司。

他说："初进公司时，自己只想大显身手，干一番事业。可到了基层，却是干些打字、做表之类的事，和当初想象的相差甚远，不免感到失落，但有一件事改变了自己的想法。在一次由公司承办的全国性会议上，我负责接待事务。在做接人、分配房间、安排就餐、开会、做会议记录与复印等事项时，我被搞得焦头烂额，觉得自己是那么无能和稚嫩。"

从此，小白决定定下心来，从零做起。在公司连同其他大型企业对几个主要倾销商提起反倾销申诉时，小白专职负责反倾销事务，对内联系公司各部门，对外联络国家各级主管部门，并要与律师事务所及各方沟通，准备的资料量大得惊人。事后小白说：虽然感到身体疲惫、心力交瘁，但锻炼了自己坚强的意志，以后工作再苦也不怕了。

的确，毕业时，我们心高气傲，怀揣着一纸文凭，风风火火地直扑社会，满心欢喜和期待，以为已经有了足够的实力，一个很好的位子在向我们微笑和招手了。但文凭不是通行证，也不会一路给我们开绿灯，它的作用只是一块敲门砖，让我们有机会进入职业生涯这道门槛。至于在公司里工作得如何，还得看我们修炼得怎么样。

拿破仑曾说："不想当将军的士兵不是好士兵。"一个人如果只想充当一个小人物，他永远也不会有什么作为。但是，人不可能一步登天，如果做不好一个小人物，做大人物的梦想终究难以实现。如果做不好细节，怎么能够统领全局？那种急于求成的心态，无异于拔苗助长，不切实际的人，不要说能够得到好位子，就连饭碗都难保。

为自己把脉，找准位子

在公司里，所处的位子至关重要，这个位子就是你在公司里地位和分量的体现。位子是由位置决定的，我们这时要做的就是找准自己的位置。为了找到合适的位子，我们必须对自己有正确的评估，为自己把好脉。

对于不同个性、不同资质、不同潜力的人，无论是在确定目标，还是拟订计划方面，都要切合实际，仔细看看自己适合做什么、擅长什么，根据能力对号入座，看清和别人的差距，知道自己要完善哪些不足，找到适合自己的位置。只有找到适合的位置，才能发挥得淋漓尽致。如同我们穿鞋，只有尺寸大小正合适的鞋子，走起路来才能够稳健，不至于摔跤。

苦练本领，掌握多种能力

综合能力也很重要。比如，作为一个公司经理，不仅要具备相当的管理能力，还要具备一定的社会活动能力，二者缺一不可。我们若不具备其中的任何一个条件，则只能做普通的小职员。

如果我们具备一定的管理能力，做个部门主管应该是够条件了。如果想光凭具备一种能力就想坐到好位子上，还差一定的火候。即使走运能够坐到理想的位子上，想四平八稳地守住这个位子，还得苦练本领，否则这个位子早晚被别人夺了去。

火候到了，时机未到，要学会等待

对公司有用总是会排在首位的。如果你的位置不可替代，那么你想要的位子，终有一天能够得到。

如果你是一个无足轻重的人，这个位子就不可能属于你。

如果有施展的空间，时机还不够成熟时，你需要的是等待。

如果因能力还达不到，你需要的是锻炼和学习。

我们的头脑要清楚，不能一味地只想得到想要的位子，还要看自己所处的环境，看在这个环境中自己是不是能有空间去发展，有没有实现的可能。

要想让船靠岸，你就要修建码头。当实力具备时，我们想要的东西自然就会来。也就是说，得到好位子关键是要具备足够的资本和实力。当我们实现一定超越时，我们就不再是从前的自己，我们已经是行业里的高手和权威，我们有资格讲条件，有能力拿高收入，有实力坐高位子。

先规划一个职业发展阶梯，然后拾级而上

我们稍微留意一下，便会发现：在相同的市场条件下，在相似的工作压力和挑战面前，有的职业人伴随着困难迅速地成长，有些则被淘汰出局。相同的教育背景、相同的企业环境、相似的成长历程，由于个体的不同，职业人之间会产生相当惊人的差距。因此，常常有人发出诸如"怀才不遇"之类的感叹。那么，"怀才"到底因为什么而"不遇"呢？

综观那些升高位、拿高薪的人，除了工作能力强外，还有一个显著特点就是，他们都有完整的职业发展规划。这是他们成功的先决条件。如果一个人一直都把眼光集中在"能不能找到工作""会不会失业"这些初级问题上，那么他也就不可能跨过工作模式的坎，更别提更上一层楼了。

职业人需要的是不断地自我训练及对职业生涯的规划，并根据变化了的市场及行情等客观因素及时调整目标。善于规划和不善于规划对职业生涯的影响举足轻重。

现年26岁的小吴，是一位市场部经理。大学毕业时正赶上网络蓬勃发展时期，年轻人都庆幸自己闯进了事业发展的快车道。在网络公司，他学到了新的技能和好的工作方法，但不久他却发现自己在市场营销方面更有长处，于是开始重新思考自己的职业发展规划。

后来，他找了另一份工作，在海底世界娱乐公司做市场推广。这是一个需要层出不穷的想象力与热情、实干充分结合的发

展空间。置身于这样一个事业与兴趣的契合点，他感到干劲冲天，如鱼得水。

由此可见，一个人在追求事业成功的路上，方向正确要比战略正确更重要，因为只要方向正确，一定会有到达成功目标的一天；但如果方向不正确，虽然靠战略赢得一两场战役的胜利，却可能离成功的目标越来越远，越走越辛苦。

既然职业发展规划如此重要，那么，我们该如何制订职业发展规划呢？下面我们以一个工龄三年有余的人为例，分步骤地加以说明。

步骤1 静下心来，自我分析

找一个安静的环境，扪心自问："我是谁？""我在哪儿？""我将是什么？"例如：

思考你所扮演的种种角色与特征，你的能力、个性又如何？尽可能多地给出各种答案，这样你可以更清晰地认知自己；试着分析自己所拥有的哪些是暂时的，哪些是永久的，哪些是应该保留的，哪些必须抛弃或予以改正。

花费几分钟时间，在脑海中快速扫描你的一生，然后以过去—现在—未来为区分点，画出一个区间图。在你当前所在的位置上面标上"？"。仔细考虑你期望成为什么？在未来区间里，你想完成哪些事情？完成之后，会有哪些成就？然后把它们一一写在纸上。

步骤2 诊断自己存在的问题

主要是诊断当下自身存在的问题。归纳起来，有三个方面：

①诊断问题存在的领域，是家庭问题？自我问题？工作问题？还是综合作用的结果？②诊断问题的解决之道。是该学习新技能？是需要全身心投入？还是需要改变个人态度与价值观？③诊断自己与公司/企业的关系。自己是否有所贡献？是否学会在组织内部适合自己的职业领域中发挥专长？和同事的合作程度如何？组织对自己的职业生涯设计和你制订的职业规划是否冲突等。

步骤3　制定职业发展阶梯，拾级而上

首先把职业生涯中的重要方面，如发展、调动和晋升等结合起来，制订一个职业发展阶梯，从而有一个清晰、确定的职业发展道路。然后按照由低到高的目标，拾级而上。

步骤4　反思要做哪些改变，明确要做的准备

想一想：在你的职业生涯中，哪些做得好？哪些做得不好？还需要做些什么？是需要学习、扩大权力，还是增加经验？再想一想，你拥有哪些资源？你现在应该停止做什么？开始着手做什么？然后，又如何安排准备的时间？

步骤5　求询

可以与朋友、同事或专业咨询人员探究，特别是和伴侣交谈，询问怎样找到更适合自己的职业发展途径、如何应付目前的问题、如何同上级打交道等。

步骤6　系统地整理并写出你的职业规划

当你做职业生涯发展规划时，下面的几条建议或许对你有所帮助：不要因为地位卑微而自暴自弃；用心拓展自己的兴趣、见闻和知识结构，提高分析、整合和逻辑思维的能力；尽可能多地去接触不同的行业，了解得越多，越有可能发掘潜藏的机会和各方面之间的内在联系，或许那些希望的种子就隐藏在许多未被人发现的机会里面；善于借助他人力量建立良好的人际关系，为将来发展时得到别人帮助打基础；做一个有心人，经常思考自己的前途，策划每个阶段的发展模式，更不要因为白白虚度了几年光阴而放弃追求。

当一个人开始有所计划时，就意味着迈开了成功的第一步！

职场升迁的黄金定律，吹响打穷工的集结号

对于每天在职场中苦苦打拼的人而言，从基层工作到平步青云，再到盘踞高位，总有些规律是让人遵守的。在工作过程中，只有多了解一些职场升迁的黄金定律，才能早一天吹响打穷工的集结号。这是因为对职业人而言，工作固然是重要的一部分，但生活中还有许多值得你去看、去享受的内容。很多时候，并非把自己变为工作的奴隶，成为一个工作狂，就能享受到薪金提升或职位晋升的乐趣。

炜是一家外企的女职员，2013 年毕业后就一直在这家外企工作。每天的工作就是拟订合同，统计销售情况，制订市场运作方案。通常是每天最后一个离开办公室，回到家已是精疲力竭，似乎连煮泡面的力气都没有了。一到双休日，就想昏天暗地睡上两天。至于休闲、外出更是心有余而力不足。渐渐的，炜发现自己

简直就是一个工作机器，银行卡里的存款数没有一路走高，信用卡里的钱却在几个百分点地涨。照照镜子，自己眼角的皱纹也正以几何指数的速度狂增，职位却像个陀螺似的，依然在原地旋转。

炜的经历从侧面启示我们：首先，在一个新的工作环境中，我们要审慎选择第一项职务，因为并不是任何第一项职务都有相似的结果。一个管理者在组织中的起点，对其今后的职业发展具有重要影响。实践证明，一开始就选择有权力的部门工作，更有可能在员工生涯中较早得到提升机会。

其次，不要在最初的职位停留太久。虽然很快地转换到不同的工作岗位上，会给他人一种不稳定的信号，但这又可能成为自我成就的预演。这一信息对你的启示是，尽快在第一份管理职务中获得晋升，否则，要早换职位。

性格温柔、善解人意的冯玲是一家大公司的业务主管，谈起她成功的秘诀，冯玲如是说："成功需要艰苦的付出，同时也需要一点冒险精神。以前，我在另外一个部门工作，属于比上不足，比下有余的一类。所以对现状很满足，直到有一天，公司内部重组，老板找到我，问我是否愿意去拓展一项新业务。说真的当时心里真是没底，可最后还是硬着头皮接下了。于是，才有了今天这个样子。当然，这其中也不乏努力与艰辛。"

有句老话说得好：不入虎穴，焉得虎子。成功需要艰苦的努力，但更需要勇气和敢于冒险的精神。克服惧怕心理，面对挑战，相信自己能行，这恰恰正是成功者与平庸者的差别所在。在同一家公司中，员工如果显示出他乐于转换到其他领域工作，那他更有可能迅速得到提升。保持流动性对你是有利的，尤其是对于充满进取心的管理人员来说，工作的流动性具有更为重要的意义。

有时横向发展是有必要的。由于管理组织的重组和随层次精简而形成的组织扁平化，使得许多组织中职位提升的阶梯减少了。要在这样一种环境中发展，一个好主意就是考虑横向职位的变换。

有人会认为，在企业中职级晋升很透明，从主管升到副经理，从副经理升到经理，然后升任总监，路线清晰。这是一条合理的上升路线，但必须有一个前提，你的职业方向已经确立。如果没有确立，是不存在这种理想的职级晋升模式的。

企业内部调动有相当的不确定性，尤其是很多人的职业生涯规划起步较晚，多年后发现职业定位不准或职业方向不明确的非常多，这就像是"摸着石头过河"，级别不透明既有企业的原因，也有个人的原因。

由于隐性职责和显性职责的缘故，加上专业背景的差异，在同一个岗位，不同的人的职位周期都是不一样的。岗位上晋升潜力也不一样，会出现比较大的偏差。

解决问题的能力是高级人员的特征

有很多职员没有自己解决问题的能力，事无巨细，早请示晚汇报，大小问题全都要上司决策。殊不知，这样做不仅会让公司领导对你的印象大打折扣，给你的前程蒙上一层阴影，还会因此错过锻炼自己解决问题能力的大好机会。

解决问题的能力首先是发现问题，而发现问题并不是很容易的事。在很多司空见惯的现象下，可能隐藏着许多问题，以及使工作得到改进的机会。

美国通用汽车公司收到一封客户抱怨信："我们家每天在吃完晚餐后都会以冰淇淋来当我们的饭后甜点。冰淇淋的口味很多，我们在饭后投票决定要吃哪一种口味，然后开车去买。但自从最近我买了一部新车庞蒂亚克后，问题就发生了。每当我买的冰淇淋是香草口味时，我从店里出来车子就发动不了。但如果我买的是其他口味的，车子发动就很顺利。"

谁看到这种信都会大笑一声，认为这个顾客是无理取闹，但是，通用公司的总经理却派了一位工程师去查看究竟。

第一晚，巧克力冰淇淋，车子没事。第二晚，草莓冰淇淋，车子也没事。第三晚，香草冰淇淋，车子又发不动了。

真的会有这种怪事！工程师记下从头到现在所发生的种种详细资料，如路程、车子使用油的种类、车子开出及开回的时间……他又发现了一个情况：这位顾客买香草冰淇淋所花的时间比买其他口味的要短。

香草冰淇淋是所有冰淇淋口味中最畅销的口味，店家为了让顾客每次都能很快地拿取，将香草口味特别分开陈列在单独的冰柜，并放置在店的前端，而其他口味的则放置在距离收银台较远的后端。

　　这说明，这部车从熄火到重新被激活的时间较短时就发动不了。这是为什么呢？答案应该是"蒸气锁"。当顾客买其他口味时，由于时间较长，汽车引擎有足够的时间散热，重新发动时就没有问题。但是买香草口味时，由于花的时间较短，以至于无法让"蒸气锁"有足够的散热时间。

　　通用汽车公司通过这样一件看似根本不可能发生的小事情，发现了自己汽车设计上的小问题，也圆满解答了顾客的疑问。结果可想而知，自然是顾客满意，通用汽车赢得了技术进步和市场荣誉。

　　解决问题的能力是高级人员的特征。这位经理能坐到当前这个位置上，自然也就不足为怪了。

　　如果这位经理觉得那位顾客神经有问题，或者认为根本不值得研究这些奇怪的问题，那么，他可能会失去一个发现问题、解决问题的机会。

　　在职场上，有很多人面对问题解决不了的时候常以"不可能"的心态来安慰自己。实际上，这往往是思维惰性的表现。如果我们进一步想下去，很可能发现惊人的问题所在。

　　一位年轻有为的炮兵军官上任伊始，到下属部队视察操练情况。他在几个部队发现相同的情况：在一个单位操练中，总有一名士兵自始至终站在大炮的炮管下面，纹丝不动。军官不明白，询问原因，得到的答案是：操练条例就是这样要求的。

　　军官回去后反复查阅军事文献，终于发现，长期以来，炮兵的操练条例仍遵循非机械化时代的规则。在过去，大炮是由马车运载到前线的，站在炮管下的士兵的任务是负责拉住马的缰绳，以便在大炮发射后调整由于后坐力产生的距离偏差，减少再次瞄准所需的时间。现在大炮的自动化和机械化程度很高，已经不再需要这样一个角色了，而马车拉炮也早就不存在了，但操练条例没有及时调整，因此才出现了"不拉马的士兵"。这位军官的发现使他获得了国防部的嘉奖。

人在职场，应有一根敏感的神经，才能较早地发现变革的导火线并采取相应的行动。走在他人的前面，才有可能在竞争中占据有利地位。

一个替人割草打工的男孩打电话给一位陈太太说："您需不需要割草？"陈太太回答说："不需要了，我已请了割草工。"男孩又说："我会帮您拔掉花丛中的杂草。"陈太太回答："我的割草工也做了。"男孩又说："我会帮您把草与走道的四周割齐。"陈太太说："我请的那人也已做了，谢谢你，我不需要新的割草工人。"男孩便挂了电话，此时男孩的室友问他说："你不是就在陈太太那儿割草打工吗？为什么还要打这个电话？"男孩说："我只是想知道我做得有多好！"

职场中，那些胜人一筹的人，在老板考察自己的工作成绩前，首先自己会设法了解自己工作做得怎么样。不断地探询他人对自己工作的评价，发现自己工作中存在的问题，难道不比老板来发现你的问题更好吗？

为自己制造光环，把实力秀出来

美国有25万印度人在硅谷担任软件工程师，占美国软件工程师总数的1/3，而美国的高科技人才工作签证（H1-B），有将近一半是发给印度人的，剩下一半才由其他数十个国家瓜分。

印度软件工程师为何这么强？主要是因为他们不仅技术好，还很会把自己的实力秀出来，这是他们与华人工程师的最大不同。

华人工程师多半相信沉默是金，多做少说，但印度工程师却可以侃侃而谈一个小时，不但不会累，而且依然神采焕发。这是因为所有的印度工程师在受教育时，都有一门"沟通技巧"的必修课，而"不断上台演讲"，就是上课的内容。他们从小就学会了如何清楚地表达意见。换言之，印度工程师不但要培养竞争力，还要学会"表现出竞争力"，这也就是印度工程师成功的秘密。

无论是在工作，还是在生活中，我们不但要学会在成功法则中展示自己，也要学会如何宣传自己。简单地说，宣传就是为自己营造一个光环，让人们对你产生更好的印象。人的认识活动有一种"润泽性"，比如一个人的某一品质被认为是好的，他就被一种积极的光环所笼罩，反之，该人就被赋予其他不好的品质，这就是"光环效应"。

由于工作绩效的评估具有相当的主观性，所以让你的老板和组织中有权力的人意识到你的贡献是重要的。你需要采取一些手段引人注意，如出席社交舞会、积极参加有关职业协会，以及向老板汇报工作进展情况等。下面我们以营销人员为例，做简要说明。

努力工作，让市场和朋友间接宣传

你可以让市场、朋友为自己做宣传。出色的市场工作不仅表现在销售量上，而且还体现在对顾客、经销商、终端、政府部门甚至竞争对手细致入微的服务和协调过程中。例如，一线营销人员通过自己的行动在这些市场、朋友中建立的良好口碑，迟早会传到公司高层的耳朵里。通过这些人说出来的话，公司领导一般都是比较重视的。正所谓"桃李不言，下自成蹊"。

把握时机，在高层领导面前表现自己

要抓住与高层领导相处的每一分钟来表现自己。比如，高层经理一般具有丰富的市场经验，能够从与你简单的谈话中发现你的闪光之处。既然你认为自己是一个优秀的销售人员，那么就更应该抓住和高层领导相处的每一分钟，充分展现自己。

精心准备会议发言

对于一线营销人员来说，公司的一些重要会议是展现自己的最佳舞台。这些会议包括员工的培训总结会、月度或季度市场例会、公司领导的现场办公会、市场观摩会和年终的表彰会等。

以媒体为平台，展现才华

在媒体上展现你的才华是很好的手段。公司领导关注的媒体一般有两类：一是内部媒体，如公司自己的报纸、杂志和网站论坛等；二是外部媒体，如公开发行的营销管理类的期刊、报纸、网站甚至电视等。

收集并处理信息

收集并处理信息，在知识爆炸时代，显得尤为重要。这种

能力可以把你从众人当中挑出来，并且赋予你权力，扩大你的力量。除此之外，你还可以挑选重点，帮助公司制订一些更切实可行的计划。只要眼睛亮一点，耳朵灵一点，嘴巴活一点，没有不知道的信息。

问鼎兵法：成为职场中的优质猎物

目前，中国就业市场的主色调仍然是"僧多粥少"，求职者供大于求，但其中有一块绝对的"买方市场"：高端人才。各行各业、各地区各省市，都在想尽各种办法将其收入囊中。只要你有足够的实力和吸引力，隐藏在树林背后的猎手就会主动找上门来。

那么，如何才能把自己塑造成一个吸引力十足、香气四溢的"优质猎物"呢？

增加自己的知名度与曝光率

不论是在公司内部、个人的专业领域中，或者目前所属业界都可以努力耕耘。比如，你可以常在报纸、专业杂志上发表文章建立专业形象；如有余力，还可接受外界演讲、授课的邀约；与媒体保持良好关系，更是一种快速建立知名度的方式。

主动将履历表寄给具有信誉的猎头公司，可以同时附上一份应征信，更能将个人的想法和理想传达给对方，让猎人将你放在"可推荐名单"中，从此可不时参考来自猎头公司的机会。

定期更新履历表

也许你搬了家、换了手机号码，甚至转换了工作领域，这些都可能使得"猎人"与你失去联络。你可主动更新履历表，加深对方的印象，等于是在提醒对方："目前有合适的工作可推荐给我吗？"尤其是转换工作领域者，例如，原本从事的是生产管理的工作，目前转做业务销售，如果你没有主动告知"猎人"，他可能还在继续替你留意生产管理领域的工作。

成为"猎人"时常征询的"人脉"

担任财会经理的蔡小姐就是在和"猎人"接触过几次后，深切地感受到对方的诚恳。由于对该公司的信赖，蔡小姐也很愿意在有合适机会时将友人推荐给"猎人"。由于时常保持联络，所以有好机会时，"猎人"总会先问问蔡小姐有没有兴趣。

在漫长的工作生涯中，如果有机缘能够和"猎人"建立长期的关系是最理想的。

修炼"内功"，使自己具有核心竞争力

不过，要把自己塑造成一个职场中的"优质猎物"，归根结底还是要潜心修炼"内功"，使自己具有核心竞争力。

个人的核心竞争力包括个人技术能力、职业经验和综合素质。前两者往往受到众多职业人的重视，而综合素质这一项给人的感觉是模糊的，非量化指标可以评测出来的，其实事情的成败往往就在这个模糊上。

综合素质包含哪些方面呢？

（1）良好的表达沟通能力。团队合作几乎是目前所有行业和

职位需要的一种素质，而要实现良好的团队合作，良好的表达沟通能力必不可少。

（2）良好的体魄。从事任何工作，加班都是难免的，尤其是一些以项目为单位的工作，工作的节奏就更难把握了。如果没有一个好身体，怕是"青春饭"吃完就没下顿了。

（3）良好的心理素质。工作的压力总是挥之不去，要学会自我调节。不管面对工作的低谷与高潮，都能够心平气和，冷静对待，学会忍耐与坚持。

（4）良好的学习能力。"活到老，学到老"，这句话尽管是古人说的，用在当今却更加适宜。企业偏好有着不断学习意愿和能力的人。

打铁还需自身硬：职场达人的晋阶三部曲

职场中到处充斥着竞争。有人能在工作上发挥得淋漓尽致，晋升为中高阶主管，成为大家称羡的职场达人，但是也有人终其一生都与升迁无缘，到底这些人的差别何在？俗话说，"打铁还需自身硬"，一个人要想跻身于成功的职场达人之列，就得在日常工作中多讲究一些策略和技巧，铸造自己的硬度。

做出优秀业绩，学会推销自己

许晓羽是从事企业标志设计的，她工作十分努力，为了一个标志的设计经常是几天几夜地待在工作台上，直至最后定稿。

许晓羽不是一个善于表现自己的人，从自己的设计中她能够获得足够的满足与自我的肯定，也许正是因为这个原因，对于每次的成功，在老板眼中是整个企业设计部努力的结果，而丝毫没有注意到作为总体设计的许晓羽所起到的作用。就这样，许晓羽拿着与其他人相同的薪金，却干着超出旁人几倍压力与辛劳的工作。

她感到了一种失落与不公，毕竟她也要生活，也要休闲。于是，她提出了辞职，好在她的老板此时也意识到了什么，以高薪挽留住了许晓羽。

在工作上，你除了应努力做出优秀的业绩之外，更应注意让上司知道它们。当然这并不是让你不论大事、小事都要汇报，而是要学会适时地表现自己，因为你的付出应获得应有的回报，而且应该成为让上司记住你甚至提升你的筹码。

我们要多给自己创造机会，如果不知道去创造机会，则有了机会也不知道如何把握，在职场竞争中失败当然在所难免，恰如一只不懂得在人前开屏的孔雀，又怎会让众人因它的美丽而发出赞叹的欣赏呢？如果没有坚强的后台做硬件，要想在竞争中取胜只有依靠自身的软件了。当然，你所拥有的这些软件一定是对手所没有的，这样才能体现你的优势。然后再通过适当的途径把它们展示出来。

安阳平时所做的策划文案十分精彩，并常有文章在报纸杂志上发表，当安阳得知办公室主任一职空缺，公司内定的人选是打字员小李时，自信的他便来了个毛遂自荐。总经理边翻看着安阳的文案，边对他一手漂亮的字发出赞叹，考虑之后终于决定放弃了那个文笔平平的小李。

"酒香不怕巷子深""土不埋金"的古训有时在职场竞争中并不适用，与其消极地等着被别人发现，使自己与机遇失之交臂，不如积极推销自己，让别人发现你。

重视沟通与协调

张丰是一个公司的部门经理，后来，上面任命王遵为这个部门的副经理。张丰感到王遵的到任对自己是个威胁，于是张丰为了保住现在的职位，自恃在公司的老资格，便经常在老板面前说王遵的坏话，有一次竟当着全体员工的面因为一点小事对王遵大发肝火。王遵尽管心中十分生气，但很有涵养的他并没有与张丰发生正面冲突。半年后王遵正式被公司委派做部门经理，而张丰则一气之下辞了职。

没有老板会把一个心胸狭隘、与同事矛盾重重的人放到最重要的职位上。如果张丰能采取另一种更积极的方法：比如与王遵进行良好的沟通与协调，多向他学习一些管理之道，注意与其他同事的交往方式，在上司面前谈及同事时，着眼于他们的长处而不是短处，那么凭着他在公司的资历，老板又有什么理由不让他坐稳这个部门经理的职位呢？可见，与同事发生正面冲突是一种不好的做法。

多理解别人

理解别人会使他更乐于接近你并与你共事，在竞争中会得到更多的支持。在公司这个讲究团队合作精神的地方，其实并不需要有太强的个性。有时个性太强会使上司觉得你缺少服从和整体意识。如果你能理解对手，那么你的同事和上司会相信你能理解在以后工作和人际关系中所发生的种种矛盾和不愉快，从而使大家的合作变得顺畅自然。"成者王侯败者寇"并不适用于竞争激烈的办公室，因为不论胜败如何，大家以后还是要在一起工作。试着让自己拥有一颗宽容的心，让心绪变得平和，使自己能理解别人，这样无论成败你都是英雄。

广告部经理在离职之前，曾向公司推荐林文代替自己，但最终坐在这个位子上的人却是王波。有人为林文感到不平，毕竟王波无论从资历还是从学历或水平上都比不上他，但林文笑着说其实王波有许多优点。王波深知自己为了得到这个职位使用了不高明的手段，所以心里也觉得愧对林文。但大度的林文却不去追究这件事，在同王波的交往中仍保持着友善的态度，令他既意外又感动。第二年的薪资评比，林文得到了最高的加薪幅度，身为广告部经理的王波在其中当然起了举足轻重的作用。不久林文也被委派做了公关部的经理。

不理解的后果是带来仇恨和对别人的指责，这时的你已经被自以为是蒙上了双眼，紧盯着对手的短处，看不清楚自己的劣势，又何谈进步与提高。而且，成败得失也会左右自己的情绪，从而影响工作和人际关系。一旦你在竞争中失败，将很难与对手保持友善的合作关系。竞争并不意味着与自己的竞争对手发生正面冲突，这往往会招致别人的看低和上司对你的负面评价。因此，选准时机运用以退为进的战术，才是一种更高明的竞争手段。

抱团：工作前 5 年，从单打独斗到善于合作

大雁展翅高飞时常常排成"一"字形或"人"字形的"雁阵","雁阵"形成一股"向上之风",可以帮大雁飞得更快、更省力。研究发现,"雁阵"飞行的速度是单只大雁飞行速度的1.71倍,可见,团队合作的力量之惊人!

愚者喜欢单打独斗，智者与人有效合作

许多人在工作的过程中，常常喜欢单打独斗，自己的工作自己一个人去完成，这种人认为同行、同事都是竞争者，都不是合作者。事实上，不靠合作是不可能成功，不可能做大的。

愚者喜欢单打独斗，智者与人有效合作。一味孤芳自赏的结果往往是孤掌难鸣。同事不只是竞争关系，更是协作关系，高明的人会把对手变成合作伙伴。如果不懂得合作，或放弃与他人合作的机会，你便成为无源之水、无本之木。

可豪与子健都有较强的工作能力，无论上司交给他们什么任务，他俩都能非常出色地完成。但是同事们却都喜欢可豪。

可豪经常为大家做事，待人谦逊又有能力，与大家非常合得来，所以大家有什么事总是找他帮忙。而子健则不同，他个性高傲，喜欢独处。虽然他也能办许多事，但大家都有意无意地疏远他，有什么事也不会找他帮忙。而子健却不在乎，他认为这样很好，无论同事们怎么对自己，上司总还是喜欢自己的，有上司做自己的后台，他觉得前途不会有什么问题。况且这样也不错，他可以按照自己的个性安排生活，不会受别人不必要的影响。子健认为可豪那种谦让的态度十分虚伪，是一种做作的表现。

　　公司成立了新的部门，需要一个部门经理，公司准备在可豪与子健之间做一个选择。但是这次选举是群众选举，任何领导不得从中做主。子健从心底认为自己应该能升职，因为他很喜欢这个职位，而且以他的能力，一定能够把这个部门管理得很好。但是听说是群众选举后，他的心有些凉了，他明白单凭自己的"人缘"，不是可豪的对手，况且可豪的工作能力也很强。

　　最后果然不出他所料，可豪以多数选票得到了这个职位。

　　事业的成功，仅依靠一个人的力量是不够的，职场中的成功者懂得协调好同事关系，以自己得体的举止和善意的态度去感染和吸引同事，使自己与同事之间的关系更融洽，从而让自己的事业走向成功。

　　然而，现实生活中，有些人对协调同事关系马马虎虎，以为同事之间无所谓，大可不必左右逢源、协调四邻。殊不知，要想在事业上有所发展，与领导的关系要搞好，同事的关系也不能忽视。有了好的同事关系，不仅会让你的心情舒畅，还会让你的工作更加得心应手。

　　与人为善、平等尊重是与同事友好相处的基础，应该主动热情地与同事接近，表示出愿意与人交往的愿望。与你同一阶层甚至某方面不如你的人，很可能因为自卑而表现出极强的自尊，他们仅有的一点颜面是需要你细心呵护的，如果你能以平等的姿态与人沟通，对方会觉得受到尊重，从而对你产生好感。相反，如果你孤芳自赏和自诩清高，会让人产生你高人一等的感觉，从而对你敬而远之。

此外，还要以宽容的态度与同事相处，谁都会有不顺心的时候，要善于克制自己的情绪，约束自己的行为，在别人产生消极行为和不良情绪时予以谅解，这是一种有教养的表现，它会使同事感受到你的友好。当同事遇到困难寻求帮助时，不妨伸出援助之手，真诚助同事一臂之力。

郁闷极了：我成了孤单的丑小鸭……

上班之后，每天和我们相处时间最长的人是谁？不是爱人，不是父母，而是同事。早上一睁开眼，便急急忙忙赶去与他们见面；直到夜幕低垂，才满脸倦意地互道再见。出来做事的头一天，父母都要千叮咛万嘱咐：在外面，讲究的是一团和气，和同事抬头不见低头见的，千万别生嫌隙。

然而，人算不如天算，尽管你小心翼翼地维护着和同事的关系，但有一天却仍可能惊奇地发现，自己居然被同事孤立了，成了孤单的丑小鸭！

被同事孤立的滋味不好受，被孤立的原因也是五花八门。但每个感到孤立的人都可以想一想，为什么被孤立的是自己，而不是别人呢？除了遇上一些天生善妒的小人，大部分时候，自身的一些缺点也是导致被孤立的重要因素。在单位里，飞扬跋扈的人、搬弄是非的人、打小报告的人、爱出风头的人，往往都是被孤立的对象。假如你被孤立了，赶快检查一下，自己是不是这类人。

归纳而言，被同事孤立的原因主要有如下三种。

薪水太高

陈晓雨自从进了现在这家公司后，就一直被同部门的两位女同事孤立。每天上下班，陈晓雨都会向她们微笑、打招呼，但她们总是面无表情，装作没看见。每当这时，陈晓雨的微笑就一下子僵在了脸上，别提多尴尬了。平时，她们也不和陈晓雨讲话，有时陈晓雨凑过去想和她们一起聊天，结果她们像商量好的一样，马上不说话，各做各的事情去了，丢下陈晓雨讪讪地站在一边。

在这种环境下工作，陈晓雨的郁闷可想而知。

后来，她才迂回曲折地从其他同事那里听到一点风声：陈晓雨虽然来公司没两年，但工资却比这两位来了四年的女同事高出一大截，于是引来了她们的嫉恨。

陈晓雨对现在的工作非常满意，因为不仅轻松，工资待遇也很称心。她不想因为同事关系不和就牺牲了工作，可心头的烦恼却一天甚似一天。

解决之道：堡垒都是从内部攻破的，想不被人孤立，关键在于打破敌方的统一战线。陈晓雨可以找机会多接近两人中比较好说话的那位，经常赞美她的服饰、气色，聊聊家常；另一位就只打招呼，少说话。时间长了，她们的阵营自然就被分化了。不过，使用这一计，必须有十足的耐心。

弄错角色

赵蕾在一家国有企业从事财务工作，财务部只有主任、出纳和她三个人。主任不管业务，出纳去年才凭关系进来，于是全部门所有的工作几乎都压在了赵蕾身上。出纳只做现金一块的活计，连最基本的报销都不做，但主任从来不说半个"不"字，因为她有靠山。在领导的纵容下，出纳工作极其马虎。相反，赵蕾做事努力尽心，可到最后总是吃力不讨好。主任有时还会暗示赵蕾，她对工作太认真，把事情都默默地做完了，不等于把他架空了吗？

赵蕾心底里直呼冤枉。主任连电脑都不懂，动不动就甩手把所有的工作都推到她一个人身上，把她累得几乎趴下。到头来，却埋怨她太过能干，赵蕾感到自己简直里外不是人。

现在，主任和出纳都明显地表现出不喜欢赵蕾，平时两人总是有说有笑、有商有量，单单把赵蕾排除在外，赵蕾为此郁闷不已。

解决之道：被同事孤立时，我们也应从自身找找原因。如果一个人不喜欢你，可能是他不对；如果所有人都不喜欢你，也许问题就出在你身上。赵蕾对工作兢兢业业，为什么不被主任肯定？很可能是她平时有些越级的举动，令主任不满。她说，自己很想把财务部工作搞好，可是，三个人中，就只有她有这个意识。由此可以看出，她把自己的角色弄错了。把部门搞好是主任的事情，作为下属，应当配合上级完成这一目标，而不是干脆代替上级去思考。她在言谈中，对主任颇为鄙视，主任对此怎么会没有察觉呢？看来，赵蕾还是应该先摆正自己的位置。

太出风头

董虹羽是个精明能干的女子，年纪轻轻便受到老板的重用，每次开会，老板都会问问她，对这个问题怎么看？她的风头如此之足，公司里资格比她老、职级比她高的员工多少有些看法。

董虹羽观念前卫，虽然结婚几年了，但打定主意不要孩子。这本来只是件私事，但却有好事者到老板那里吹风，说她官欲太强，为了往上爬，连孩子都不生了。这个说法一时间传遍了整个公司，董虹羽在一夜之间变成了"当官狂"。此后，董虹羽发觉，同事看她的眼神都怪怪的，和她说话也尽量"短、平、快"，一道无形的屏障隔在了她和同事之间。董虹羽很委屈，她并不是大家所想的那么功利，为什么大家看她都那么不屑？

解决之道：在职场中锋芒太露，又不注意平衡周围人的心态，有这样的结果并不奇怪。董虹羽并非是目中无人，只是做人做事一味高调，不善于适时隐藏自己的锋芒。只要她能真诚地对待同事，日子久了，他们自然会明白，这就是她的真性情。

做一只合群的大雁，不当熟悉的陌生人

陈浩，上大学时学的专业是市场营销，毕业后进了一家创业不久的高科技型民营企业。开始他给老总当秘书，随着企业的不断发展，不到两年，陈浩便从秘书的位置升为了营销中心经理。但不久，由于与老板在营销策略上发生分歧，尽管老板非常器重陈浩，但陈浩还是不假思索地炒了老板的鱿鱼，跳槽到一家颇有名气的装潢公司担任副总经理。

陈浩心想，这下自己可以大展宏图了。可是三个月的试用

期未过，新任老板就毫不客气地辞退了他。理由很简单，经过考评，他不能胜任副总的位置。陈浩感到很意外，也很冤屈。新的单位，他的新下属们的悟性与工作能力太差了，使得他的营销计划常常落空。

后来，陈浩应聘到一家建材公司当部门经理，如此连降"三级"，可结果还是显得很"窝囊"，总感到有劲无处使，部门销售任务差强人意，又想辞职不干。

对此，陈浩感到很迷茫、很困惑，心想连总经理都干过了，怎么反而连个部门经理都干不了？于是，找了个朋友倾诉。

在朋友的开导下，他醒悟到：自己原来是只年轻的妄图单飞的大雁！当初自己能胜任经理，那是因为凭借老总的信任，凭借员工们的共同支持。后来，转身到新的工作单位后，变得狂妄自大、目中无人，员工们都敬而远之，自己落得个孤家寡人的下场，工作起来自然就势单力薄，难有作为了。

在现代社会里，合作关系越来越密切，失去同事们的合作，一叶孤舟是难以远航的。即使你再优秀，也必须赢得同事的合作。

就工作而言，同事关系是一种协作关系；就个人利益而言，它又是一种竞争关系。同事间存在的竞争与合作的关系就像手心与手背一样，是同一体中的两个方面。同事坐在一起时可以谈天说地、欢声笑语，可往往就在这亲密、融洽的关系中藏着密布的阴霾。尤其是站在一条起跑线上的同事，当个人利益受到伤害时，就会变成笑里藏刀的对手。"同行是冤家，同事是对手"，这被奉为同事关系的真经，让同事们成了"熟悉的陌生人"。

有很多人得不到同事的支持和合作，是因为他们不能与同事友好相处，实际上这并非他们有意而为之。这是因为他们很少考虑自己的行为对其他同事是否有影响，很少考虑为人处世的方法。他们往往以自我为中心，不能与同事和平共处，有意无意中常常对同事使性子、拉脸子，甚至出言不逊，不懂得人与人之间是一种平等的相互依存的关系，结果把人际关系搞得十分紧张。

不愿意也不能与同事建立良好人际关系的人，是极其利己的占便宜者，他不能为别人提供任何帮助，自然会遭排挤；而乐于助人者会很快被大家接纳。与同事交往不是变戏法或耍心眼，只要你无私地善待别人，大多时候别人也会以同样的方式回报你。尤其是现代的交际网络，那是平等主义的天下。

有位哲人说，世上有三种人：第一种人离生活太近，不免陷入利害冲突；第二种人离生活太远，往往又成了不食人间烟火的隐士；第三种人与生活保持一种恰当的距离，这种人就是豁达的人。追求生活而不苛求，宽容大度而不自私狭隘，只有这样，才能够与同事保持融洽的关系。

同事间的交往，仅次于家庭成员间的交往和接触。可以说除家庭之外，我们在社会中最重要的关系就是同事关系了。我们每个人都希望自己能在单位这个大集体中创造出和谐友好的同事关系，因为同事间的关系是一种互相依存、通力合作的工作关系。

要融入大圈子，先走出自我封闭的小圈子

平时大大咧咧的马强毕业后进了写字楼，报到那天，他没和前台接待小姐打招呼，以后，在接人待物时，他也很少用"谢谢"等词语。渐渐的，他发现同事们并不怎么认可他的能力，相互之间的关系很冷淡。

后来，他开始试着改善自己的言行，在工作中对别人多用一些表示敬意的礼貌用语，这帮助他走出了人际关系的困境。他深有体会地说："多用一些礼貌用语不但可以提高自己的个人修养，还能让自己顺利地加入到工作团队中去。"

很多人常常感叹：与人相处真的很难，为什么就找不到一个与我趣味相投的人呢？之所以如此，是因为他们常常单方面地要求别人完美，而忽视要求自己。这是不切实际的。要想融入大圈子，就必须学会多使用一些礼貌用语，学会接纳别人，这样才能打开交际的突破口。

一种错误的指导思想，会导致我们与人相处能力的不足，使我们在与人相处时遇到很多的麻烦。当我们不能够与别人友好相处时，就会经常与他人发生纠纷。这种关系不仅使我们的生活受挫，还使我们的事业处于低谷，直接影响了自己的生存空间。

俗话说："一母生九子，九子各不同。"正如世界上没有两片相同的树叶一样，人类的个体也是千差万别。即使是孪生兄弟或姐妹，也会因为先天禀赋及后天经历的不同，使得他（她）们的个性有很大差异。有的人精明，天生一副生意头脑；有的人

质朴厚道，为人坦诚；有的人性情暴躁，遇事爱冲动，一蹦三尺高；有的人遇事沉稳，办事不慌不忙；有的人热情开朗，一副热心肠；有的人冷漠孤僻，喜好独处……在这些个性之中，很难说哪一种绝对好，哪一种绝对坏，每种个性都是各有优点和缺点。绝对完美的个性是不存在的。

我们常常把与人难以相处的原因归结为别人的个性不是尽善尽美，可是我们应该反过来问一问自己：自己的个性是否就尽善尽美吗？如果不能做肯定的回答，就应该想到，不能因为他人的个性有缺陷，就瞧不起别人，这只能让你走向别人的交际圈之外。你也不能一味寻求只与自己谈得来的人交友，虽然性格类似的人之间可能更容易交流，在情感上走得更加接近，但是这势必会造成交际圈过于狭窄。

其实，性格有差异的人之间若能很好地交往，会弥补双方性格的不足，人格上会更趋于完美，而且容易形成更为广泛的交际圈。

你与别人不同，别人与你有异，你也不必因为自己与别人不同而感到有什么不安，正是因为不同个性的人才使世界变得丰富多彩。

我们要想与他人友好地相处，就必须先了解他人的个性，摸清他人性格的长短，掌握他的喜好，实行重点"突破"，也就是要投其所好。交友时要根据对方特点，在交往过程中，采用多样性的方法和手段进行沟通与交流。

我们常犯的错误就是没有弄清楚对方的个性特征，或者不管对方是谁，希望对方能够无条件地接受自己。自己喜欢的东西，希望别人也喜爱，完全是以自己为中心。对别人考虑少，势必会引起别人的不满，结果总是与别人发生矛盾和冲突，人际关系糟糕是意料中的事情。

我们面对各种各样的人，总要学会包容。当我们不再把自己只局限于自我狭小的圈子中，多接纳吸收别人的思想与观点，心胸开阔之后，与别人自然就好交往和相处了。

终结独角戏，一人独乐不如与人同乐

孤独的人常常独自生活，很少有朋友，也很少进行社交活动。他们害怕社交风险，往往在交际中感到消极。

人人都有感到孤独的时候，但并不是人人都可以战胜孤独。有些人的孤独是内在而稳定的，他们面对孤独无能为力，束手无策；而有些人的孤独则是外在而可以控制的，这些人只是在某些特定的时间里感到莫名的孤独，他们相信自己能够驾驭它，并能积极地做些排除孤独的事情。

真正的孤独，往往存在于那些虽然进行着人与人之间的接触，却没有情感和思想交流的人们之中。事实上，不管你是置身于人群，或是独处一室，只要你对周围的情况缺乏基本的了解，与你身处的世界无法沟通，你就会体会到孤独的滋味。

孤独一般有两种类型：①情绪性隔绝，指孤独者不愿意与周围人来往；②社会性隔绝，指孤独者不具有朋友或亲属的关系网。

孤独产生的原因多而复杂，如事业上的挫折、缺乏与异性的交往、失去父母的挚爱、夫妻感情不和、周围没有朋友等。此外，孤独的产生，也与人的性格有关，如有的人情绪易变，常常大起大落，容易得罪别人，因而使自己陷入一种孤独的状态；有的人善于算计，凡事总爱斤斤计较，考虑个人的得失太重，因此造成了人际交往的障碍。

孤独对人体健康有很大的危害。据统计，身体健康但精神孤独的人在十年之中的死亡数量要比那些身体健康而合群的人死亡数多一倍。人的精神孤独所引起的死亡率与吸烟、肥胖症、高血压引起的死亡率一样高。

心理学家发现，孤独者的一些行为，常常使他们处于一种不讨人喜欢的地位，如他们很少注意谈话的对方。在谈话中只注意自己，同对方谈得很少，常常突然改变话题，不善于及时填补谈话的间隙等。心理学家指出，如果孤独者受到一定的社交训练，如学会如何注意与对方谈话后，他们的孤独感就会大为减少。

孤独是可以改变和战胜的。归纳起来，主要有以下几种方法。

多与外界交流

每个人都有表达自己思想感情、内心感受的需要。独自生活并不意味着与世隔绝。一个长年在山上工作的气象员说，他的身边没有人可以倾诉，但他感到有必要把自己的思想告诉家人，所以他就用写信来满足自己的这一要求。

多与快乐的人相处

人的性格会受周围环境的影响，经常与开心的人们在一起，你会自然而然地受到他们的感染，产生"近朱者赤"的效应。慢慢的，你就会敞开自己的心扉，变得快乐起来。

忘我地与人交往

与人们相处时感到孤独，有时会超过一个人独处时的十倍。这是因为你和周围的人格格不入。例如，你到一个语言不通的地方，由于你无法与周围的人进行必要的交流，也无法进入那种热烈的情感中，所以，你在他人热烈的气氛中会备感孤独。因此，在与他人相处时，无论是在什么样的情境下，都要做到忘我，并设法为他人做点什么，你应该懂得温暖别人的同时，也会温暖你自己。

享受大自然

生活中有许多活动是充满乐趣的，只要你能够充分领略它们的美妙之处，就会消除孤独。如有些人遇到挫折，心绪不好，但又不愿与别人倾诉时，常常会跑到江边或空旷的田野，让大自然的清风尽情地吹拂，心情就会逐渐开朗起来。

确立人生目标

现代人越来越害怕自己跟他人不一样，害怕在不幸时孤立无援，害怕自己不被人尊重或理解，这种由激烈社会竞争导致的内心恐慌，无疑使一些人越怕越孤独，心灵也越脆弱。那么要克服这种恐慌与脆弱，必须为自己确立一些人生目标，培养和选择一些兴趣与爱好。一个人活着有所爱，有追求，就不怕寂寞，也不会感到孤独。

令人不满的主管，对立还是握手

在工作中，谁都有可能遇到无能且固执的主管，使我们处于被动的处境之中。在这种情况下，我们是不是一走了之呢？要知道，令人不满意的主管不只是他一个，到别的公司同样也会遇到，积极适应和改变才是上策。

在这样的主管手下工作，会让我们没有工作热情可言，对于工作，敷衍了事，能说得过去就行。有些工作明知道主管的做法不对，我们还是不声不响地依照主管的指示去做，完全有一种看热闹的架势。我们无不希望主管把工作搞得一塌糊涂，因此而走人。

我们这样对主管，虽说能够发泄不满，不过对于我们自己来说也没有什么好处。虽然受到主管的压制，我们还是要把工作做好，否则，我们会因为主管把自己的工作搞砸。

工作没有成效，我们把责任都归罪于主管，认为这完全是他一手造成的，都是他的错。可反过来说，工作没有做好，自己本身是不是也存在问题？

即使年轻，我们做事也要理智。与不满意的主管较劲，表面上看好像是痛快了，可实质上我们会因此付出代价。工作做不好，主管有损失，可损失最大的还是自己，因为这很有可能会影响我们今后的发展。

在公司里，与别人争来争去，没有什么价值可言，什么也得不到，徒然浪费时间和精力。在有限的工作时间内，最重要的是把工作搞好，把能力提上去，等具备实力时，我们就能变被动为主动了。

在行业里，人们最看重的是能力和业绩。我们所付出的努力，不仅是为现在的公司效劳，更是为自己的明天积累资本。当我们有一天去别的公司工作，我们的实力和身价才能让我们坐到更理想的位子上。

工作以外的事情，最好少介入或者不介入，无端地卷入一些矛盾是非当中，于人于己都不利。

任何争斗皆是两败俱伤，对立的双方都或多或少地存在损失。不过老板是永远的赢家，如果他因此受到损失，我们离开公司的日子就不远了。

被老板炒了鱿鱼，我们失去工作的同时，也失去了发展机会。要知道，在利益面前，没有永远的敌人和朋友。我们身边的人，今天是对手，也许明天能够成为朋友。所以我们不能因为一些细小的事情与人为敌，为自己设置障碍。朋友越多，我们可利用的资源就越多，前进的路就越通畅。

每个人的资源都有限，尤其身处异地打工的人，资源几乎等于零，所以对于资源的积累和利用十分重要。

对于一个对我们有成见的主管，聪明的做法不是孤立他，也不是避而远之，而是要与他建立有效的联系，多沟通与交流。在交流中，也许我们会发现，这个主管可能没有我们想象的那么差劲，优点还是很多的。

他之所以能坐到主管这个位子上，无论是工作经验还是其他方面，肯定有过人之处。很多经验，不是在书本中就能学到的。

对于工作中一些让我们费力伤脑筋，一时找不到头绪的事情，经主管轻轻一点，我们马上就能找到灵感，找到解决的方案。

每个人身上都有闪光点，都值得我们学习和借鉴。与人相处，目光不要总是盯着别人的缺点，应多看优点和长处，并加以学习和运用，使自己不断进步与完善。

在公司里，我们应该把精力全都用在工作上，不要在一些鸡毛蒜皮的事情上与人对立，树敌就意味着被人孤立，如果我们被孤立了，很可能是我们把自己搁到被孤立位置上的。

即使成为不了朋友，也不要成为敌人。人与人之间的竞争是不可避免的，因眼前利益之争而丢掉长远利益的做法，是非常不划算的。

升迁，同事为你加分，还是扯你后腿

可能不少人会有这样的想法："我想要在公司升迁，靠的不是同事，靠的是我的能力，还有上司对我的赏识，同事是起不到作用的。"这种想法对吗？我们仔细分析一下。

一个人有能力并得到上司的赏识，的确是升迁的重中之重。但是，如果一个有上述想法的人，即使得到了升迁，可同事关系非常糟糕，下属心里不服你，工作上不配合你，也会给工作带来一些不必要的麻烦，甚至会影响工作的正常进行。如果这样，你的老板就会对你的能力产生怀疑，对你的印象大打折扣。

因此，还没有升迁的你，就应该重视这个问题，不要让同事关系的紧张影响到你的工作进度和职位提升。从这个角度来说，有一个融洽的人事关系就会给你在升迁的过程中加分。

你有时也许会有这样的困惑：上司对你印象不错，你自己的能力也不差，工作也很卖力，但却总是迟迟达不到成功的峰顶，甚至常常感到工作不顺心，仿佛时时处处有一只看不见的手在暗中扯你的后腿。百思而不得其解之后，你也许会灰心丧气颓然叹道："唉，也许是命运之神在捉弄我吧！"

如果你真的遇到了这种困惑，我们提醒你一句："也许那并不是命运之神，而是你的左右同僚，很可能，是你与他们的关系出现了什么问题。"

有的人可能一提到同事关系就感到头疼，为什么呢？因为人和人之间的关系最为复杂，在普通朋友的交往中也会有这样、那样的问题，更何况是有竞争关系的同事了。其实，同事关系说复杂也复杂，要简单也简单，关键要看怎样巧妙地处理了。

自己简单，同事关系才简单

一个人想要把同事关系变简单，首先自己就得是个简单的人。当然，这里的简单不是特指头脑简单，而是一种简单的做人处事方法。只要把握好原则，就不会被人事关系所累。其实，最真实的就是最简单的，表现最真实的自己，不虚伪造作，不炫耀自己，同时做到诚实、热情，在他人有困难之际，及时伸出援助之手。这样的人不仅不用花时间去考虑人事问题，还能得到同事的赞赏。

溜须拍马、趋炎附势讨人嫌

那种刻意地讨好同事，或者是去拍领导马屁的行为作风，往往招人讨厌，而且这样的人事关系也最为复杂。同事当中，有各种各样的人。有的人各个方面条件都比较好，有的人可能稍微差一些。在个性方面也会有所差异，有的人比较暴躁，有的人比较随和，有的人比较机敏，有的人比较木讷等。如果你在与同事相处中过分地表现出趋炎附势，为了自己的私利，不公平对人，那么你早晚会被这样的行为所害。

提防被小人暗算

世上最险恶的莫过于那些暗中害人的小人，尽管难防，但不可不防。不过，明枪易躲，暗箭难防，别人要害你不会事先告诉你。有人为了升迁，不惜设下圈套打击其他竞争者；有人为了生存，不惜在利害关头出卖朋友；有人走投无路，狗急跳墙……

在职业生活的漫长岁月中，免不了会遇到出卖、敌意、中伤和陷阱等种种料想不到的事情。如果事先预料这些事的发生，并一一克服，便能使你的工作生涯一帆风顺。

与工作岗位上的人交往时，必须有人与人之间虚实地进退的应对技巧。自己该如何出牌，对方会如何应对，这可是比下围棋、象棋更深奥的事情。如此深奥，究竟该如何防？

首先是"巩固城池"。也就是让人摸不清你的底细，实际上的做法便是不随便露出个性上的弱点，不轻易显露你的欲望和企图，不露锋芒，不得罪人，勿太坦诚……别人摸不清你的底细，自然不会随便利用你、陷害你，因为你不给他们机会。两军对仗，虚实被窥破，就会给对方可乘之机，"防人"也是如此。

其次是"阻却来敌"。兵不厌诈，争夺利益时人心也不厌诈，因此对他人的动作也要有冷静客观的判断。凡异常的动作都有异常的用意，把这动作和自己所处的环境一并思考，便可以发现其中玄机。

不过话虽这么说，人们因无法摆脱个性上的弱点和偏执而防不了人，何况"道高一尺，魔高一丈"，因此只有尽量小心了。不过若为了"巩固城池"而把自己搞得神秘兮兮，失去朋友，那就矫枉过正，反而会成为人们排挤的目标。但无论如何，"防人"还是必要的。

处世：工作前 5 年，从棱角分明到圆融自如

只有硬度而没有弹性和韧性的钢材称不上好钢；负重前进的车轮，必须是圆形，还得加上润滑剂。我们在为人处世上倘若过于有棱有角、直来直去，凡事没有变通的余地，一味地刚强，一味地强撑，只会给自己带来不必要的伤害甚至牺牲。

上学读书比成绩，人际交往靠博弈

人生如棋，你我皆在一局又一局的博弈中竞相争取高低。在博弈中，人们通常以自己的利益和原则来进行决策。只是，没有哪个人会在一个毫不受干扰的真空世界里做出决策。他们的选择总是与他人的选择相互作用，相互影响。

当你很清楚自己的利益和目标时，就能清晰地知道如何将其与周围的利益和目标联系起来。当你知道其他人的利益和目标时，就能洞察他们可能的行动和想到自己的回应。

一场战斗在一个村庄发生。村中有一个不能走路的瘫子，打起仗来，人们都逃走了，他只有整天躺在屋里。一天，他看见一个瞎子，就招呼瞎子说："你的眼睛瞎了，看不见路；我身体瘫痪了，走不得路。眼下正在打仗，谁也不管我们，我们只有等死了。现在，我当你的眼睛，你做我的腿。你背着我，我给你指路，咱们就可以逃离这个战乱的地方。"瞎子听了很高兴，就背起瘫子，两个人离开村子，到了一个安全的地方。

瘫子给了瞎子双眼，瞎子给了瘫子双腿。他们各取所需，相互救了各自的性命，这就是一种"正和博弈"的结局。不难看出，人际交往中要取得良好的效果，一般不应采取对抗性博弈，而应该制造非对抗性博弈（又称合作性博弈或正和博弈）。

归纳起来，运用"博弈论"创造人际关系新局面，应注意以下几个方面的问题：

胸怀开阔，不欺不诈

我们要极力避免出现两败俱伤的"负和博弈"和吃掉一方的"零和博弈"状态。

在生活中经常会听到这样的话："这事我办不成，谁也别想办成"，"这东西我得不到，谁也别想得到"。以这种想法进入交际圈子，必然会出现"负和"局面。在博弈过程中，心胸狭窄，树敌太多，斗得鱼死网破是件非常糟糕的事情。

交际中也不要用欺诈行为侵占别人的利益，否则，你可能会因为欺诈而失去更多。试想，谁愿意和一个一心只想着独吞好处、见利忘义的人交往呢？

换位思考，利益均沾

与人打交道，当两个或更多的人拥有共同愿望和目标时，自然是件好事，但这不太可能，事实上也没有必要。开动大脑，想些方法，让别人也能从你的目标中获益。这种互利互惠的"正和博弈"可以让你得到更多的盟友和支持者。因此，我们要学会设身处地为别人着想及能用别人的眼光看问题，以便真正了解别人行为的动机并采取相应的行动，在博弈中成为最大的赢家。

最佳的选择是结成同盟，虽然大家可能有不同的目标，但如果能在大方向上相互包容，每个人都可能成为赢家。而想要建立起良好的盟友关系，首先应了解自己的利益和目标，其次要清楚盟友们的利益和目标。人际交往要达到效益最大化，就不能以自己的意志作为和别人交往的准则，而应该在取长补短、相互谅解中达成统一，达到双赢的效果。

清楚并非每个人都值得结为盟友

一个人对某人的亲近、拉拢程度有多高，取决于与其结盟（或合作）对他的利益有多重要。所以，当有人寻求与你联盟时，心存感激的同时，也应心存谨慎。要知道，他想与你联盟必定有其原因，你要做的就是弄清楚这些原因是什么。对每个人都以善相待也许值得尝试，但并非每个人都值得结为盟友。

不要期望完全的公平

当一个人嘟囔"不公平"时，可能是抱怨或不愿接受一个既定的分配，而非要求完全的数量均等或效用均等。然而，公平除了从个人选择及两人（或多人）合作的角度去讨论外，并不存在任何其他的意义。因此，不要担心究竟是否公平，而要考虑什么对你最有利。

在人际交往中，博弈确实很复杂。事实上，交际本身就是一种特殊的博弈。如果想让交际朝着健康的方向发展，就必须建立360度的圆融关系，包括对同事、主管、部属、客户，即使不是朋友，至少不要树敌，以非对抗的方式，采取合作的态度，使交际呈"正和博弈"状态，从而收到良好的交际效果，这样的生存之道才是我们最需要的。

由冰到水：如水一样随物就势

水是温柔的，它透明而清爽。在文人骚客的眼中，它宛如柔情女子。老子曾在《道德经》里留下这样一段关于水的论述："天下柔弱，莫过乎水，而攻坚强者，莫之能胜，其无以易之。"意思是说，天下万物，没有比水的质性更柔弱的。而在攻克坚强的物质时，没有任何物质能胜过水的，其他物质也不能取代它。水的至柔特性，使水至柔至韧，处下不争，随物就势，遇圆则圆，遇方则方。

人际交往中，我们也应该学习水这种"随物就势，遇圆则圆，遇方则方"的应变精神。鉴于每个人的嗜好、想法都不一样，遇到的对手往往也各不相同，但考虑到人是有感情的高级智能生物，因此，在人际交往活动中又有一定的规律可循。当我们与人交涉时，倘若能够明白对方属于何种类型，像水一样灵活应对，圆滑处世自然不惊。反之，如果缺乏变通性，一如那冷峻而形体不变的冰凌，固守它的棱角，有时难免显得格格不入。

现在列举以下九类人供参考：

死板的人

这类型的人，就算你很客气地和他打招呼、寒暄，他也不会做出你所预期的反应来。他通常不会注意你在说些什么，甚至你会怀疑他听进去没有。你是否也遇到过这种人？

和这种人交际，刚开始多少会感到不安，但这也是比较无奈的事。

遇到这种情况，你就要花些工夫，仔细观察，注意他们的一举一动，从他们的言行中，寻找出他们真正关心的事来。你可以随便和他们闲聊，只要能够使他们回答或产生一些反应，那么事情也就好办了。接下来，你要好好利用这一话题，让他们充分表达自己的意见。

每个人都有他感兴趣和所关心的事，只要你稍一触及，他就会开始滔滔不绝地说，此乃人之常情，因此，你必须好好掌握并利用这种人性心理。

傲慢无礼的人

有些人自视甚高、目中无人，时常表现出一副"唯我独尊"的样子，像这种举止无礼、态度傲慢的人，实在让人生气，是最不受欢迎的典型。但是，当你不得不和他接触时，你要如何对付他？

某企业的一位副科长，说话虽然客气，眼神里却有些许傲慢，且不带一丝笑意，这种人是非常不好应付的，如果初次会见他，可能会感觉有一种"威胁"存在。

应付这一类型的人，说话应该简洁有力才行，最好少说话，所谓"多说无益"，因此，你要尽量小心，以免掉进他的圈套中。

不要认为对方客气，就礼尚往来地待他，其实，他多半是缺乏真心诚意的；你最好在不得罪对方的情况下，言词尽可能"简省"。

当然，每个人都有自己的立场和苦衷，这位副科长可能自觉"怀才不遇"，或怨恨自己运气不好、无法早点出头；又由于其在社会上打滚甚久，城府颇深，故尽管不受领导眷顾，也会在"保卫自己"的情况下，与人客气寒暄。因此，我们只要同情他，而不必理会他的傲慢，尽量简单扼要地交涉就对了。

沉默寡言的人

和不爱开口的人交涉事情，实在是非常吃力的。因为对方太过沉默，你就没办法了解他的想法，更无从得知他对你是否有好感。

一位新闻记者，为人沉默寡言，根本就不像是个记者。不论你和他说什么，他总是沉默以对，你真是拿他没办法。当有人给他介绍广告客户时，他也只是淡然地说声："喔！是这样啊。"然后手持对方名片，呆呆地看书。

对于这种人，你最好采取直截了当的方式，让他明白表示"是"或"不是""行"或"不行"，尽量避免迂回式的谈话，你不妨直接地问："对于A和B两种办法，你认为哪种较好？是不是A方法好些呢？"

深藏不露的人

我们周围存在许多深藏不露的人，他们不肯轻易让人了解其心思，或知道他们在想些什么，有时甚至说话不着边际，一谈到正题就"顾左右而言他"。

双方进行交涉，其目的在于了解彼此情况，以使任务圆满达成。因此，经常挖空心思去窥探对方的情报，使对方露出其"庐山真面目"来。

但是，当你遇到这么一个深藏不露的人时，你只有把自己预先准备好了的资料拿给他看，让他根据你所提供的资料，做出最后决断。

人们多半不愿将自己的弱点暴露出来，即使在你要求他做出答案或提出判断时，他也故意装不懂，或者故意闪烁其词，给你一种"高深莫测"的感觉。其实这只是对方伪装自己的手段。

草率决断的人

这种类型的人，乍看好像反应很快。他们常常在交涉进行至最高潮时，忽然妄下决断，给人"迅雷不及掩耳"的感觉。由于这种人多半是性子太急了，所以，有的时候为了表现自己的"果断"，决定就会显得随便而草率。

他们经常会"会错意"。也就是说，由于他们的"反应"太快，每每会对事物产生错觉和误解。其特征是：没有耐心听完别人的谈话，往往"断章取义"，自以为是地做出决断。如此虽使交涉进行较快，但草率做下的决定，多半会留下后遗症，招致意料不到的枝节发生。

倘若你遇到上述这种人，最好按部就班地来，把谈话分成若干段，说完一段（一部分）之后，马上征求他的同意，没问题了再继续进行下去，如此才不致发生错误，也可免除不必要的麻烦。

顽固不通的人

顽强固执的人是最难应付的，因为无论你说什么，他都听不进去，只知道坚持己见。与这种顽固不通的人交手，是最累人又浪费时间的，结果往往徒劳无功。因此，在你和他交涉时，千万要记住"适可而止"，否则，谈得愈多愈久，心里愈不痛快。

应付这种人，你不妨及时抱定"早散""早脱身"的想法，随便敷衍他几句，不必耗时费力自讨没趣。

行动迟缓的人

对于行动比较缓慢的人，最需要的是耐心。

你与人交际时，可能经常会遇到这种人，此时你不能着急，因为他的步调总是无法跟上你的进度，换句话说，他是很难达到你的预定计划的。所以，你最好按捺住性子，拿出耐心，尽可能配合他的情况去做。

此外应该注意的是：有些人言行并不一致，他可能处事明快、果断，只是行动不相符。

自私自利的人

这世上自私自利的人为数不少，无论你走到哪儿，总会遇到。这种人心中只有自己，凡事都将自己的利益摆在前头，要他做些于己无利的事，他是断不会考虑的。

他们经常手不离机——计算机是也，这说明他们始终在计算着自己的利益。正因为他们最看重数字，故有所坚持的，一定是自己的利益；至于其他事情，他们不会在意如何做好它，只考虑怎样做才最省事。这种悭吝之徒，任谁都不会对他们产生好感。

但当我们不得不与其接触、交涉时，只有暂时按捺住自己的厌恶之情，姑且顺水推舟、投其所好。当他发现自己所强调的利益被肯定了，自然就会表示满意，如此，交涉就会获得成功。

毫无表情的人

人的心态和感情，常常会透过脸部的表情显现出来，故在交际时，表情往往可供做判断情况的工具。

然而，有些人却是毫无表情可言的，也就是说，他的喜、怒是不形于色的，这种人若非深沉，就是呆板。当你和这种人进行交际时，最好的方法就是特别注意他的眼睛和下巴。

常有人说："眼睛是会说话的"，诚然，眼睛是灵魂之窗，"观其眸子"你自然可以知道他的心思。

往往你可以从对方的表情中，看出他对你所持的印象究竟如何。有时候，自己会过分紧张得连表情都很不自在，此时，你不妨看看对方的反应：是不加注意、无动于衷，还是已然察觉、面露质疑？留意他的眼神，你一定可以得到答案。

有时候，适度的紧张和放松，也可以在交际之中，形成一种理想的气氛（局面）。只是，当你明白对方的反应是受自己的应对态度所影响，进而影响到交际的结果时，就不得不特别注意、研究一下自己的言行举止了，特别是脸上毫无表情的人更应注意才行。

"很傻很天真"，越早懂得越命好

有个小孩，大家都说他傻，因为如果有人同时扔给他5角和1元的硬币，他总是选择5角，而不要1元。很多人闻讯而来，拿出两枚硬币，一枚5角，一枚1元，扔给他，以观其表现。结果那个小孩真的每次都拿5角的硬币。有个人好奇地问他："难道你不会分辨硬币的币值吗？"孩子小声说："如果我选择了1元钱，以后人们就不会来看我，给我扔钱了！"

这就是那个小孩的聪明之处。的确，如果他选择了1元钱，就没有人愿意继续跟他再玩下去了，而他得到的，也只有1元钱而已！但他拿5角，把自己装成"傻子"，于是"傻子"当得越久，他就拿得越多，最终他得到的将是1元钱的若干倍！

在现实生活中，我们不妨向这个"傻小孩"看齐。这个"傻小孩"奉行的原则跟郑板桥的"难得糊涂"颇为相像。"装傻"是为人处世的一面镜子，表面上看似是一种傻子的行为，甚至会招人嘲笑，实际上却是一种做人的境界，不仅不傻，实乃聪明至极！

装傻，博得他人信任

中国传统文化往往认为"老实人"可靠，这样的人不会对他人耍心眼，于是人们都愿意和这样的人交往。与过于聪明、机灵的人交往，人们会因为害怕被欺骗和愚弄而加以防范、提高警惕。如果表现得老实、单纯，装出一副傻乎乎的样子，大智若愚，给人以糊涂的假象，如此浑圆处世，会使别人对自己不设防，从而有利于工作和生活顺利发展。

装傻，可以避开意想不到的冷箭

装傻不是真的傻，关键在于如何"装"，只要内心没有恶意，或许，你的傻会给工作带来更多的便利。

某公司招了几位新人，其中一位对上司说："不好意思，我对这个行业不太熟，以后希望您能够多加指导。"如果"您多加指导"这样的说辞能够满足上司的部分虚荣心，那么正是这种"示弱"的傻子行为赢得了别人的好感。

在人人都把自己包装成专业精英时，一个公然声称对所就职的行业"不熟"的傻子就变得异常可爱起来。倘若锋芒太露，是很容易引起别人嫉恨的，树敌也会越来越多，进而导致工作与事业无法顺利进行。在特定的情况下，用适当的示弱方式，将被人嫉妒的消极作用减少到最低程度，是一种高明的交际应酬策略。

凡事糊涂一点，才能够避开意想不到的冷箭；不露锋芒，方能解得开天地所布下的罗网。懂得适时把自己的才华藏起来是一种智慧，可以使自己避开职场上的暗礁险滩，让自己走得更稳健。

装傻，给自己一个台阶下

装傻，还有一层意思，即在他人面前做出一个不明白的假象，用以迷惑对方，其实心如明镜，假装没有发现对方的本意，故意把它理解错，用于讽刺对方，给自己一个台阶下。

一位男士请一位小姐跳舞，小姐傲慢地说："我不能和一个小孩子一起跳舞。"这位先生灵机一动，微笑着说："对不起，亲爱的小姐，我不知你正怀着孩子。"说完他很有礼貌地鞠了一躬后离开了她。那位高傲的小姐在众目睽睽之下，无言以对，满脸绯红。

这位先生遭到那位高傲小姐的拒绝，在交际场合是一件非常难堪的事情，可是这位先生却十分聪明，假装不明白小姐说话的内涵，装作她有了孩子，不仅使那位小姐丢了面子，而且保住了自己的尊严。如果这位先生直接与那位小姐因此而辩理或争吵，会有失他的风度，而且与对方争吵并不能挽回面子。

装傻不仅可以为人遮羞，自找台阶，还可以故作不知达成幽默。当然，前提是你必须有好的演技，才能"傻"得恰到好处。多闻善辩的人，要用浅陋自守；勇武刚强的人，要用畏惧自守；

大富大贵的人，要用节俭自守；仁德广施天下的人，要用谦让自守；聪明睿智的人，要用愚蠢自守。

人际交往中，假装糊涂是一种高明的社交博弈策略。成大事者从不炫耀自己的聪明才智、不反驳对方所说的话，他们常常要在对方面前装傻。谁不识各中真相谁就会被愚弄；谁不能领会大智若愚之神韵，谁就是真正的傻瓜。

把话说委婉，处世才圆满

由于走出大学校门没多久，小李还是习惯于用以往和同学沟通的方式与同事沟通，可是似乎总有话不投机的感觉。以前和朋友们在一起习惯了有话直说，不藏着掖着，可是到了单位有几次在开会的时候，直言不讳地表达了自己的观点之后，发觉坐在旁边的同事脸色马上就"晴转多云"了。后来好好反思了一下才发觉，自己的话在无形中否定了同事所做的事。

俗话说："祸从口出。"我们在说话的时候，一定要注意说话的技巧，如果棱角分明、直来直去，不仅容易得罪人而不自知，还很容易被人利用，授人以柄，结果遭到纠缠与攻击。因此，说话时应该把话说得更加委婉、圆通一些，进可攻，退可守，这不仅能够显示我们的智慧，也可以让我们在与人交往时，减少许多麻烦。

王安石的小儿子从小口齿伶俐，智慧超凡，常常以惊人的妙语博得四座叫绝。有一次，客人知道他没有见过獐和鹿，就想故意难为他。就指着一个关着一只獐和一只鹿的笼子问他："这笼子里关的哪只是獐，哪只是鹿？"这孩子从未见过这些动物，当然难以分辨。但他思考片刻便答道："獐旁边的是鹿，鹿旁边的是獐。"

王安石的小儿子没有明确指出哪只是獐，哪只是鹿，但是他却巧妙地运用了模糊语言，从而摆脱了困境，显示了自己的智慧。

从心理角度来看，模糊暗示要比明确命令更有效，因为模糊暗示所调动的是被暗示者的自身积极性。尤其对别人进行批评与忠告时，使用模糊语言，多用一些显得留有余地的"好像""可能""看来""大概"之类的词语，收到的效果更好。

当你约人见面时，如果你说得很明确："请你明天上午9点准时到我家里来。"会让人觉得有点被"勒令"的感觉。若是约请上级、长辈和异性到家里来，这样说话就更显得不礼貌、不客气。为了表示尊重对方，显得随和，要用模糊语言。你不妨这样说："明天上午我在家，你有空就来吧。"这样一说，就会让别人的心里舒服多了。

在模糊暗示法中，自言自语这一手法是最为巧妙的。

有一位记者想让一位政要发表他的政见，但是想尽了办法，这位政要却始终一言不发。他们同坐在一节车厢里，这位记者绞尽脑汁地想办法。这时火车窗外出现了一片新开垦的土地。这位记者故意自言自语地说："想不到这里还是用锄头开垦土地呢！""胡说！"坐在一旁沉默得可怕的政要突然说话了："这里早就用现代化的方法代替乱垦乱伐了！"接着这位政要便大谈起垦殖问题来。结果，这位记者满载而归，他运用了模糊暗示达到了自己的采访目的。

有时候，与其"有话直说"，倒不如先经过思考，再用模糊或委婉的语气讲出来。运用一些委婉的词语，适时适地表达自己的看法和主张，勇于接受别人的指正，进而充实自己的内涵，旁人自然乐于与你亲近，你的处世不就圆融美满了吗？这样做，比那种八面玲珑、多方讨好，最终变成一个没有主见、惹人反感的"墙头草"，岂不是好很多吗？

给别人留面子，就是为自己挣面子

爱面子是人们的一大共性。中国人爱面子，可以说是一种根深蒂固的民族特性。你说它是劣根性也罢，你说它是民族特性也罢，反正它是不可忽视的客观存在。因此，血气方刚的年轻人，步入社会一定要明白：和人交往一定要注意给别人留面子。伤了别人的面子，会失去朋友，甚至会树敌，给自己带来损害。

工作过程中，如果你口无遮拦，很可能在不经意间说出令同事尴尬的话，表面上他也许只是脸面上有些过意不去，但心里可能已受到严重的挫伤，以后，对方也许就会因感到自尊受到了伤害而拒绝与你交往。人际交往中，我们要时刻警醒自己，别让嘴巴给自己惹祸。日常生活中，保全面子也是很重要的。如果你是个对面子冷漠的人，那么你必定是个不受欢迎的人。如果你是个只顾自己面子，却不顾别人面子的人，那么你必定会整天吃暗亏。

小杨为人直率，工作努力，也很乐于助人，但是同事对他却有点敬而远之。这是什么原因呢？原来这是因为小杨有个毛病，就是个性过分耿直，任何事都爱发表个人见解，而且不分场合，爱钻"牛角尖"，动不动就和人据理力争，非要争个水落石出不可。而且他得理不饶人，常常让同事很下不来台。这样令同事都不太喜欢他，有的人就找机会故意让他难堪。于是他感到委屈，以为别人故意和他作对。

实际上他首先应该从自己身上找原因，所谓"己所不欲，勿施于人"，你若不想别人让你难堪，你首先不应该让别人难堪。他的问题在于总是站在自己的位置和立场上考虑问题，只是想让别人接受他的意见，却不考虑别人的情绪。

随着年龄的增长，他逐渐认识到自己的毛病，悟出了要与人愉快共处，首先应该站在对方的立场上考虑问题，和人相处要给别人留足面子，伤了别人的面子就是伤了别人的自尊心，比让他损失什么利益都更让人不满，很难得到别人的谅解。这时他才对自己年轻时血气方刚、争强好胜的做法感到后悔，那使自己得罪了很多人，失去了很多朋友。

从此他改变了自己的行为方式，即使确信别人有错，必须指出来时，他也注意场合和时间，而且表达时尽量委婉，给别人留足面子。从此，别人不再把他排除在交往圈子之外。

有一位推销员向一家金属器具厂推销一大笔业务，但该业务几乎没有利润。这家器具厂经营十分不景气，当时有一半工人不能上班，每个月只领50元的生活费。

这位推销员谈到此业务后，厂长说："你的想法很好，但没有什么利润。而我们有很多业务，要做这笔业务就得加班，还得付给加班工费，这样我们不仅不赢利，可能还会亏损。"

显然，这个厂长在说谎。面对撒谎的厂长，推销员转移了话题，开始谈论目前国内企业的经营状况。待时机成熟时，推销员说道："接受这笔业务你们的确没有赢利，不过正如刚才所言，目前的企业有多少能赢利呢，能正常运转就很不错了，如果接受这笔业务，你们厂上不了班的100多名员工就可以上班了，可以有工资和一部分奖金了，您看呢？如无异议是否可以定下来了？"

厂长一听，发现推销员了解底细，他为自己刚撒的谎很是不自然，也来不及争辩就说："好，好，我们就认了，为了这个朋友，亏就亏吧！"

如果推销员当时一语戳穿厂长的谎言，又会是怎样的结局呢？厂长一定会很尴尬，并因此而恼羞成怒，从而拒绝这笔业务。可这样的业务在那个城市中只有这一个厂能完成，况且还无利可图。推销员没有直接指责对方说谎，而是很有涵养地间接暗示对方，保全了对方的面子，使对方心存感激，这种感激就成了推销的突破口，从而使推销成功。

给别人留面子，其实也就是给自己挣面子。真正有远见的人在日常交往中会给对方留有相当大的回旋余地，为自己积累最大限度的"人缘儿"。

告诉别人："我不是一个软柿子"

如果你想在职场竞争中取胜，如果你想在不断升迁中事业有成，一定要抱着征服的态度，用实际行动去征服你的同事和领导。倘若你在同事眼中是个不知争抢，人人可欺的"软柿子"，那么，你日夜苦干，到头来的功劳就有可能被别人一把抓走。业绩丧失了，你就只能等着做"末等公民"吧。结果往往是，升职加薪没你的份，受气包、出气筒却成了你的代名词。

因此，无论是在工作，还是在生活中，做人切不可过于胆小懦弱，对人对事谨小慎微。要知道，为自己争取利益，总是正大光明的事情。现实中，不少人心里气愤，却不敢为自己去争取利益，为什么呢？原因就是害怕产生严重的后果。当我们被想象中的后果所震慑，放弃争斗，变成了"软柿子"，自然只有被捏的份儿。

在传统教育中，常以安分守己为美德，以争权夺利为丑恶，以不争为高尚，以争斗为可耻，因此，我们就会从思想上失去了进行争斗的勇气。误以为不争不斗是获得利益的最好方式，最安全、最可靠也最合理。去争夺、去斗争是对原则性的违背，因而是不道德的也是不可取的。只要遵守原则，就会自然而然地得到想要的结果。然而，在职场竞争与职位升迁中，没有人能够品尝到免费的午餐，乞求别人把"饭"端到面前只是一厢情愿。

如果我们一味信奉"忍为上"，那么，就会不管被别人欺负成什么样子，总是想着："哎呀，多一事不如少一事，忍一忍也就过去了。"这样一来，本来是属于自己的正当利益却被别人争了去，让自己始终处于躲避退让、被动挨打的地位，更助长了不良用心者得寸进尺、肆无忌惮的嚣张气焰。

多尼是一家公司的销售代表，他的上司对多尼近来的营销状况极不满意，当着众同事的面，甩出一沓报表，把多尼臭骂了一顿。但责任并不在多尼身上，问题出在广告宣传上。多尼有许多委屈，但不便马上反驳，否则将是火上浇油。他把上司的意见记在笔记本上，待上司情绪平稳后对上司说：我对公司的销售有几点建议。多尼先肯定了营销工作确实有待改进，然后提出对广告宣传的意见。上司听他侃侃而谈，十分重视，随即招来广告部负责人与多尼一起共商对策，公司的销售状况很快好转了。

凯瑞是多尼的同事，见上司喜欢差遣多尼，心有不服，便时常找多尼的茬儿。多尼采取的态度是不卑不亢，平时十分注意把与之相关的工作处理得当，让凯瑞无话可说。当凯瑞不识趣非要恶言相向时，多尼仍不愠不火。等到单独相处时，多尼正色道："竞争是争业绩不是争是非，我忍让你一次但不会忍让多次，如果你实在不服，咱们可以请上司来评理。"凯瑞见多尼不好惹，从此便不再找多尼的麻烦。

上述案例从侧面启示我们：软弱的东西总是容易被压扁，丧失基本的生存空间，不能过于软弱。如果在恶人面前是一副羊相，那么就很危险了。谁买柿子都会捡软的捏，恶人也不例外，他看你是"软柿子"，肯定就会欺负你。所以，我们不妨做一只"披着狼皮的羊"。让他以为我们不是"善茬子"，

"不好惹"，这样恶人就会敬而远之，也就起到了保护自己的目的。

保存自己是最基本的生存法则。只有生存下去，在竞争中获胜才会成为可能。工作中，我们一定要确立自己的强硬原则："人不犯我，我不犯人，人若犯我，我必犯人。"并严格按照原则去做。面对同事及上司的非礼，要适度地表示抗议和生气。当受到不公平的待遇时，要有勇气抗议，这种抗议必须有气势，不必得理不饶人，但要充分表达立场，让自己有些"棱角"。

磨掉棱角，拉近与上司之间的距离

每个员工都希望自己的能力能得到上司的赏识，但是要注意一点，就是不要在上司面前故意显示自己，那样显得很做作，会给上司留下自大狂的印象，而使上司认为你恃才傲物难以相处，彼此间缺乏默契，在心理上拒绝与你近距离接触。因此，与上司交往，要磨掉你的棱角，注意以下几点：

莫用带刺的言语

与上司说话，要注意寻找自然、活泼的话题，让他有机会充分地表达意见，你适当地做些补充，提一些问题。这样，他便知道你是有知识、有见解的，自然而然地认识了你的能力和价值，但又不显得你盛气凌人。

和上司交谈时，不要用上司不懂的技术性较强的术语。这样，他会怀疑你是故意让他难堪；也可能觉得你的才干对他的职务将构成威胁，并产生戒备，而有意压制你；还可能把你看成书呆子，缺乏实际经验而不信任你。这些情况都是对你不利的。

提建议要讲究策略

向上司提建议时，多注意从正面有理有据地阐述你的见解，不要显示出批评和瞧不起上司的意思。有民主要求，还要有民主素质，即要懂得尊重他人意见，尊重上司意见。这样，他才会承认你的才干。

对上司个人的工作提建议时，尽可能谨慎一些，要事先仔细研究上司的特点，了解他喜欢用什么方式接受下属的意见，对不同的上司要采取不同的策略。比如，大大咧咧的上司可用玩笑建议法，严肃的上司可用书面建议法，自尊心强的上司可用个别建议法，虚荣心强、喜好听赞扬之辞的上司可用含建议于褒奖之中的方法等。

角色换位，为上司分忧

你要懂得心理学上的角色换位法，设身处地体会上司的心境。有些人单独工作干得很好，当了上司却一筹莫展，尤其苦于处理各种横竖关系，因此，要主动地帮助他分忧解难。在他犹豫不决、举棋不定时，主动表示理解和同情，并诚恳地做出自己的努力，减轻上司的负担，令他非常高兴和赏识你。

坦诚接受领导批评

人非圣贤，孰能无过？在公司上班，挨上司和老板的批评或训斥当然很不愉快，但这几乎难以避免，不管你是多么优秀、杰出。聪明人的可贵之处是能在每次犯错之后，坦诚接受批评，及时总结经验，吸取教训，不犯二次过错。

有些人大学毕业，甚至是重点大学毕业，心中把自己当成"天之骄子"，自尊心过强，很不习惯被别人批评。当受到上司痛斥后，难免会产生"这下完了，上司很明显讨厌我"或"那么严厉真让人受不了，干脆辞职不干了"的想法。其实这种情况下首先不要意气用事，不能凭一时冲动做事，因为以后可能会后悔。

要知道，任何一位上司都不可能把批评别人作为自己的乐趣，既然是批评通常是比较谨慎的，也肯定事出有因，或对或错都显示上司对某些和你有关的工作不满意。所以，我们首先要接受批评，抱着自责和检讨的心态，理解上司的"苦心"，积极地谋求改善，并告诉上司："这是我第一次犯这个错误，也是最后一次。"

你应冷静下来，仔细分析上司为何训斥你，搞清楚上司批评你什么，明白自己错在哪里。至于对挨骂这件事情本身，大可不必看得那么严重。管理部下是上司的职责，从上司角度来讲，有时下属工作做得不好，的确让他们很着急，有时会控制不住自己的情绪。作为下属，你也许有必要把挨骂当成工作的一部分。而且，骂与被骂实质上也是你与上司之间的一种沟通。他批评你，也意味着他把你当成真正的工作伙伴。此外，上司对你的批评中多半透露着上司的本意和大量的实务知识，你应心平气和地聆听，别漏掉这些有用的信息。

为人打工的人，不可能连一次批评也没挨过。当我们受批评时，虽然不必做到像应声虫一样，但是起码，脸上应该露出反省的表情，并以坦率诚恳的语气向上司道歉。挨骂之后，不可垂头丧气，也不可嘻嘻哈哈，让人产生随骂即忘的印象。当然，最重要的是应尽快改正错误，最忌当面顶撞。如果在领导一怒之下发威时，你给了他面子，这本身就埋下了伏笔，设下了转机。你能坦然大度地接受批评，他会在潜意识中产生歉疚之情，或感激之情。

方圆功夫：面对各类同事游刃有余

应付口蜜腹剑的人

面对这种人，如果他是你的老板，你要装得有一些痴呆的样子，他让你做任何事情，你都满口答应；他客气，你要比他更客气。他笑着和你谈事情，你笑着猛点头。万一你感觉到，他要你做的事情实在太损了，你也不能当面拒绝或翻脸，你只能笑着推诿，决不能不接受。

如果他是你的同事，最简单的应付方式是装作不认识他。每天上班见面，如果他要亲近你，你就找理由马上闪开。能不做同一件工作，尽量避开和他一起做；万一避不开，就要学着写日记，每天检讨自己，留下工作记录。

如果他是你的部下，请注意三点：其一，独立的工作或独立工作位置给他；其二，不能让他有任何机会接近上面的主管；其三，对他表情保持严肃，不带笑容。

吹牛拍马屁的人

如果你碰到这一类的主管，要和他搞好关系，他吹牛拍马屁对你无害。

当此类人是你的同事时，你就得小心了。不可与他为敌，没有必要得罪他。平时见面还是笑脸相迎，和和气气，如果你有意孤立他，或者招惹他，他就可能把你当成往上爬的垫脚石。

如果他是你的部下，则要冷静对待他的阿谀奉承，看看他有何居心。

尖酸刻薄的人

尖酸刻薄的人在公司内较不受人欢迎。他的特征是与别人争执时往往挖人隐私不留余地，同时冷嘲热讽无所不至，让对方自尊心受损颜面尽失。这种人平常靠着伶牙俐齿以取笑同事、挖苦老板为乐事。由于他的行为离谱，所以，在公司内也没有什么朋友。他之所以能够生存，是因为别人怕他，不愿理他。但如果有一天遭到众怒，他就会被治得很惨。

如果这类人不幸是你的老板，你唯一可做的事，就是换部门或换工作，但在事情还没有眉目及定案时，不要让他知道。否则，他的一轮人身攻击，你恐怕会承受不了。

如果他是你的同事，和他保持距离，不要惹他。万一吃亏，听到一两句刺激的话或闲言碎语，就装没听见，千万不能动怒，否则，是自讨没趣，惹祸上身。

如果他是你的部下，不妨有事没事和他聊聊天，讲一些人生的善良面，告诉他做人厚道自有其好处。你付出的爱心和教诲，有时会替公司带来一份意想不到的收获。

挑拨离间的人

同样是一张嘴巴，有人用来吹牛拍马屁，有人用来讽刺损人，有人用来挑拨是非、离间同事。吹牛拍马屁是不损人利己；

尖酸刻薄是损人利己；挑拨离间是将公司弄得乱七八糟、人心惶惶，变文明为野蛮，人人自危，人人争斗。

这种类型的人，给公司带来的杀伤力非常之大且迅速，只要一不注意或处理不当，便可能灰飞烟灭，处处残迹。应付这类型的人，没有什么好的办法，只能防微杜渐，不让这类人进来，或一发现就予以制止或清除。否则，后果不堪设想。

挑拨离间型的人做了你的老板，你首先要注意的是谨言慎行，和他保持距离，在公司内建立个人信誉。万一有一天，有什么是非发生，你得尽量化解，虚心忍耐，同时要保持着"能做就做，不能做就走"的宽广心胸。

这种人做了你的同事，你除谨言慎行及和他保持距离外，最重要的是你得联络其他同事，建立联防及同盟关系。如果他向任何人挑拨或离间，都不要为之所动和受影响。

如果他是你的部下，那你就要想办法让他走，孤立他。如果下不了手，那他就会孤立你，使你离职。

雄才大略的人

这一类型的人，胸怀大志，眼界开阔，而不计较一些小的得失。他在工作时，不忘记充实自己及广结善缘。除了完成自己的工作外，他也会帮助别人和指导同事。

每到一个地方，不论他是否已待很久，或已成为组织中的正式主管，他都能在极自然的状况下，影响别人，控制群体的行为。俗语所说的"虎行天下吃肉"，指的大概就是这种人。

雄才大略的人，见识往往异于常人，思考逻辑方式也有其个人特色。他在时机不成熟时，可以忍耐，不论是卧薪尝胆或是从你的胯下爬过，他都能接受。但是，时机成熟，他奋臂而起，如鹰冲天，没有人能与之争锋。

有雄才大略的老板，你是跟对人了。于是亦步亦趋，片刻不可相离，他晋升你也跟着晋升，碰到这种老板，你要虚心地向他学习。因为天下没有不散的筵席，当曲终人散时，别人都受益匪浅，而你不要两手空空。

有雄才大略的同事，如果大家利害一致，大可共创一番轰轰烈烈的事业。如果一山不能容二虎，则可各取所需，各享盛名，而得其利。如果以上都行不通，你就全心全意地帮他成功，自己多少也留下识才的美名。

有了这种部下，你应有自知之明，知道他终非池中之物，有朝一日定会超过你，虚心地接纳他，给他实质上的资助及肯定。这在会计学上称之为投资，到时一定是有利润的。

翻脸无情的人

这类型的人最大的特征就是，翻脸如翻书，说翻就翻，一翻就是好几页。在他翻脸时，你不要问他理由，你不必述说从前对他的恩情和助益，他一个字都听不进去，他似乎是得了一种"忘恩记仇病"。你对他的百般呵护，只要有一桩小事不顺他的心，就全盘翻覆。这有如野心狼子，你养育它愈久，你的危险就愈大。

如果你的老板是这种翻脸无情的人，你在他手下做事时，千万要记住"留一手"。任何事情做完了，你都要小心被炒鱿鱼。怎么样化被动为主动，当他要翻脸的那一刹那，你也告诉他："我等你好久了，为什么你今天才要翻！别来这一套，你这种手段我看多了。"

如果有这种同事，你倒是大可不必和他一般见识，反正没有利害关系，各干各的活，要翻不翻随便他！

有这种部下最令人伤脑筋，也没有什么好的办法。最重要的是不能因为他常翻脸，而特别将就他，别的部下会以为你是欺善怕恶，这就不值了。

敬业乐群的人

这一类型的人，由于工作态度和做事方法正确，颇受公司的肯定和同事的爱戴。凡是他在的单位及群体，都会有着不错的生产力和业绩。这一类型的人，会感染其他的工作同人，让组织朝着正面的方向发展，给员工带来一个合作而和谐的工作环境。

当公司顺利时，大家共同努力，共享成果；当公司不顺时，大家咬紧牙关，奋发图强，再创生机。平时没事时，他会主动训练新手，培养团体实力；工作忙碌时，他又能影响同人，相互支援，共渡难关。这一类型的人，不论是你的主管、同事和部下，在与他一起工作时，你都要学着和他一样地敬业乐群。只要你表现出不是那个样子，你就会被他比下去。

踌躇满志的人

踌躇满志的人，对任何事物都有他自己的意见。他之所以会踌躇满志，是因为一直处在一种极顺的状况下。他没有办法接受别人的意见，如果别人够聪明，则不用和他辩。要知道一个长久不曾失败过的人，是因为他的智慧，而不是他的运气。

如果他是你的老板，在他的面前不要乱出点子。尽量照着他的意思去做，他会把他的意思讲得很清楚。因为他怕你笨，所以他会多讲一遍。最后，再问你一次，懂了吗？等你回答"懂了"，他才放心。有时，他会礼貌性地问："你对我的做法，有没有意见？"此时你要立即肯定他的做法。若稍有犹豫或再多问两句，可能会被他嗤之以鼻。和这类人同事，不能太顺着他，只有让他尝一些失败的苦果，才能真正地改变及帮助他。

对这种部下，交一些难度较高的工作给他做。做成功了，也不赞许；做失败了，交给别人做。让别人做成功，让他知道人外有人、天外有天的道理。

面对"职场犹大"现象，该如何保护自己

郑女士是一家中外合资公司的设计人员，在公司工作已经快五年了，和部门同事之间关系一直很融洽，也有几个很要好的朋友。

两个月前，公司对郑女士等设计人员的奖金分配方法进行调整，同时也准备对一些主管人员进行调整。郑女士对这次的调整之举很是不满，同时由于和几个主管关系也不错，所以私下和这几个主管"朋友"颇有怨言地讨论了此事。

没想到，一个星期后，公司领导来部门召开会议，指出部门有些人在暗地里说怪话、发牢骚、散布对公司不满的言论，虽然没指名道姓，但列举的一些话，都是郑女士在"朋友"之间说过

的，郑女士当时就觉得五雷轰顶，之后数天卧病在床。

郑女士忽视了一个重要问题，就是这些"职场犹大"们在和她是同事、朋友的同时，相互之间也是竞争者，一旦碰到涉及各身利益的情况时，所谓的同事之情、朋友之谊自然远不及自身生存和发展的"大事情"重要了。我们将郑女士遭遇到的现象称为"职场犹大"现象，有人也将这种现象称为"职场暗流"。它对职业人的危害和当事人的心理打击相当大。

虽然职场中的大部分人是友善的，但并不是所有邪恶的人都贴着一个标签让你早早避而远之。当你悠然地荡着双桨航行在事业的海洋中，感觉风光无限时，倘若遇到一个背后黑手在暗处搅和，稍不留神，你就会被他绊个跟头，甚至还会被弄得船翻戟断，进而给你的工作带来难以愈合的创伤。

不管你是否愿意承认，职场上总会存在这样一种人：上天赋予他们的角色就是当犹大。事实上，职场中的暗流并不可怕，可怕的是身处暗流中却一无所知。一个人要想跨过职场竞争之坎，就得成功避开职场中的暗流，并绕过这些暗流。大概来说，我们可以采取以下方法进行规避，从而更好地保护自己。

君子之交淡如水

我们要控制好与同事之间远近亲疏的关系，最好的办法莫过于"君子之交淡如水"。别以为自己把心掏给同事看，同事也会把心交给你。有时候，给你下套的往往就是你信任的人。建议：私下少谈公事，少论他人是非，不要谈领导的事及领导的活动，同事之间平淡些。

注意自己的每一点，哪怕是最细微的怀疑。一次，一位朋友对我说，他发现一个同事翻看他桌上的文件，然后就匆匆走进老板办公室。"我怀疑他是在窥探我的秘密，我应该相信自己的这种感觉吗？"他问。我对他说，要宁可信其有，不可信其无。要小心收好所有私人物品和敏感的资料，小心绝不是一件坏事。

和老板多沟通

你的工作干得好，就会引来同事的嫉妒。他们没有办法通过努力超过你时，就很有可能通过不正当竞争来达到自己的目的。

子豪在咨询公司做项目助理，他做的项目又好又快，拿的工资最多，因此不免成为某些同事的"眼中钉"。一次，由于合作单位出了问题，他手头的一项项目迟迟无法完成。子豪没有向老板解释，而是拼命加班，希望能赶上进度。一天早晨，老板板着脸走到他的桌旁说："我听有人说你每天一大半的工作时间都在网上闲逛。"不管子豪如何解释，老板就是不信："你以前完成这样的项目不是两天就完成吗？可是这个项目为什么用了四天都没完成，你不用再说了，这个月的奖金一定要扣的。"

如果子豪一开始就及时与老板沟通，那么"有人"的说法就不会那么轻易地被老板相信了。

与上司建立起融洽的工作关系和牢固的信任后，上司会反复考虑和证实那些对你不利的说法。如果你和老板有良好的沟通和交流，那么想告你"黑状"的人就会知道他成功的可能性不大。如果他足够聪明，则会放弃为自己不好的念头冒险。如果他非要一意孤行，那么结果很可能是搬起石头砸了自己的脚。

如果你和老板的关系一般，而又恰好发现有人对老板说你的坏话，怎么办？不要犹豫，立刻采取行动——敲开老板办公室的门，询问需要你做什么。你可以坦白地对老板说：我想知道我们对工作是否有一致的看法。我不会占用你太多时间，但你能不能告诉我你对我现在的工作进展满不满意。这样就给了你的老板一个机会，他可能会对你大发雷霆，也可能会质问你。你则心平气和地听着，接受他对你的建议和要求。总之，要点就在于和老板多沟通。

弄清他是不是针对你

有些人在背后议论你，并不是一定心怀恶意。在你做判断之前，要考虑到每种可能的解释。比如，有的同事只是嘴快而已，有时说话并没有仔细考虑，并不是故意针对你。在你要改变自己和同事的关系前先想想所有善意的解释。如果有人告诉你某某在背后对你不利，先问问自己这个消息的可信度有多少。不要盲目相信，以免树敌太多，使自己在职场竞争中处于不利地位。

保持平静和理智

当你遇到同事的绊子后，你愤怒的心情可以理解，但是暴跳如雷和咬牙切齿不能表现出来，你应该有气度和心胸，把抱怨和报复压在心头才是明智之举。有时，你身后的坏话会引发流言和窃窃私语。你在乎这些吗？其实，没有人议论你才是你该担心的。你可以这样想，如果你对别人的生活毫无意义和影响，他们才不会议论你。这个时候先保持平静最重要，要用理智解决发生的问题。

第6课

人脉：工作前 5 年，从专业赚钱到关系赚钱

30岁之前靠知识赚钱，30岁之后靠关系赚钱。随着时光荏苒，行业资源将逐渐成为你的重要砝码。

　　当你苦心经营贵人，企盼通过他们增强人际支持力度的同时，千万别忘了对周围人伸出你的支援之手。帮人，其实就是助己，也是一种获得人际支持的方式。

顶尖人才与一般人才的真正区别是什么？是人脉

社会上有这么一种人：他们能力超群、见解深刻、才华横溢，但同时他们也恃才傲物，认为自己比别人优秀，是不可或缺的，因此狂妄自大，不能很好地与周围的人处理好人际关系。这种人虽然很优秀，但却总是与成功擦肩而过。

如果有人问这样的问题："一般人才与顶尖人才的真正区别在哪里？"肯定有很多人毫不犹豫地作答："才能！"倘若你接着发问："除了才能呢？"他们还会瞪大眼睛反问："除了才能，难道还能有别的？21世纪，最缺的是什么？是人才！当然是才能了！"在成功的天平上，这部分人会把所有的砝码都摆放在能力这一边，忽视了人际关系和品德等因素。

然而，就在这种人自以为是时，培养了无数成功人士的哈佛大学商学院的一个调查却发现：在事业有成的人士中，26%靠工作能力，5%靠家庭背景，而69%要靠人际关系。

可见，要想成为出类拔萃的顶尖人才，不能仅仅靠提升才能，更重要的是拓展我们的人际关系，提升我们的人脉竞争力。只有这样，我们才会脱颖而出，做出一番成就。相对于专业知识的竞争力，一个人在人际关系、人脉网络上的优势，也就是人脉竞争力更为重要。

哈佛大学为了了解人际能力在一个人的成功中所扮演的角色，曾经针对贝尔实验室顶尖研究员做过调查。他们发现，被大家认同的专业人才，专业能力往往不是重点，关键在于"顶尖人才会采取不同的人脉策略，这些人会多花时间与那些在关键时刻可能对自己有帮助的人培养良好关系，在面临问题或危机时便容易化险为夷"。

他们还发现，当一名表现平平的实验员遇到棘手问题时，会去请教专家，但却往往因为没有回音而白白浪费时间；顶尖人才则很少碰到这种情况，因为他们在平时就建立了丰富的人际关系资源网，一旦前往请教，立刻便能得到答案。

在21世纪的今天，无论是保险、传媒、广告，还是金融、科技和证券等领域，人脉竞争力都是一个日趋重要的课题。专业知识固然重要，但人脉也同样重要。从某种意义上说，人际关系是一个人通往财富、荣誉和成功之路的门票，只有拥有了这张门票，你的专业知识才能发挥作用。

很多人意识到了人际关系的重要性，因此成为顶尖人才，成为成功人士；也同样有很多原本优秀的人没有意识到这一点，虽然表现出了优秀的工作能力，却由于不注重建立自己的人际关系，所以总是缺少外在的助力，做起事情来事倍功半。

何超大学毕业后进入一家公司工作，他执着地认为只要自己努力工作，展现出超人的工作能力，必然能够做出一番事业，获得重用并步步高升。可是一年过去了，何超虽然有出色的工作能力，但薪水并不比那些表现一般的同事高，职位也没有得到晋升。何超很不服气，于是工作起来更加努力。他认为只要自己足够优秀，总有一天上司会看到他的能力与才华，从而给他加薪晋职，把他当作公司的骨干。

但是，又一年过去了，何超还是在原地停留。相反，与他同时进公司的同事已经是独当一面的主管了，薪水也比何超高出许多。何超终于忍不住，向公司里唯一与他要好的同事抱怨自己的怀才不遇。然而，没想到的是，同事却很直接地告诉他一个令他感到震惊的原因。原来，虽然何超工作非常出色，但由于他恃才傲物，认为自己比别人都要优秀，所以没把同事放在眼里，平时也就缺少了对同事的尊重，与同事的关系没处好。上司虽然也知道何超工作很出色，但担心如果让他升主管，同事们会不配合，这样会不利于公司工作的开展完成，所以一直迟迟未敢重用他。

就这样，工作细心、处事粗心的何超，怎么也没想到自己竟然是因为忽略了人际关系，而一直未受到重视与提升。

正反两个方面的资料和事例，都告诉我们善于与他人交往，妥善处理好与他人的人际关系对于一个人成功的重要性。因此，从现在开始，用心建立自己的人际关系网。只有建立起了自己的人脉网络，你才会享受到人脉带给你的好处，你才会深刻认识到：一般人才与顶尖人才的真正区别在于人脉，而并非仅仅是才学和能力。

赚取人脉的关键步骤：通过工作主动出击

进入一家公司以后，会与各种各样的人接触。例如，上司、长辈、公司内相关部门的人，营业、财务等与对外工作有关的人，也会认识其他公司的人。

工作中认识的人听我们说话，给我们方便，多半是因为我们的业务关系和头衔，而不是针对我们个人。会和我们接近的通常是认为我们现在的地位"有利用的价值"。因此，当一个人不再有头衔的时候，人们会陆续地离他远去。这样的人际关系，是无法被称为"人脉"的。

无论是大企业的管理者，还是担任平凡工作的普通员工，如果只是单纯工作上交往的对象，会因为人的调动或辞职，交往的关系就会结束。

于是有的人认为，在公司里是无法创造人脉的。

但是请你想一下：在街上突然有不认识的人和你说话，你一定会觉得奇怪。可是如果是在工作场合见面，即使是第一次见面的人，也不会觉得奇怪。姑且不论营业员突然向不认识的人推销物品，通常只要说"我是A公司的×××"，无形中就和对方拉近了距离。

只是单纯地因为"在公司上班"就可以轻松地和对方认识，所以在"公司"里上班，会为我们带来许多与他人交往的好机会。我们为什么不利用这种好机会呢？通过工作与人认识之后，你应该充分地发展你们之间的人际关系，借由这人脉对你的将来有很大的帮助。

例如，被客户的老板挖角，而到对方的公司去担任重要职务；担任营业员期间，受到客户的赏识，而成为代理店的经理人；企划能力和营业能力被同行的老板赏识，而被挖角。这些情况并不罕见。

阿彤在大学里学的是新闻，目前在一家广告制作公司任职。在公司的客户名单中，有一些是本地非常大的集团，每年的广告投入非常庞大。阿彤明白，这些客户资源是非常宝贵的。他在和这些高端客户的交往中，不仅掌握各客户对广告的要求和一些广告制作的流行趋势，而且也有意识地和他们有了不错的交情。他积极地参加客户公司的互动活动，争取一切和他们增加情谊的机会。

公司的老总和一些同事在广告方面做得非常出色，可以预见的是，他们在未来必将有更大的作为。于是，在加强"外交"的同时，阿彤也非常注重和"内部人士"的沟通。因为他相信日久见人心，现在的真心付出，会博得恒久不变的和睦关系。

这样的广告公司，人员的流动性很大，阿彤并不期望在这里长久地待下去。但是他明白，人缘也是生产力，良好的人缘和庞大的交际圈，会给未来的事业开拓提供强大的支持。

现代社会是个信息社会，无论你是干哪一行的，关系都是极其重要的。有时似乎无用的人也会发挥神奇的作用，因此我们不能随意放过任何一个关系。从踏入职场的第一天起，就要有意识地培养、构建自己的关系网。

积极参加公司组织的各种活动

建立好公司内部的关系网，其中很重要的一条就是要主动参加公司的各项活动。如果你想接近某个同事，了解这个集体，最好的办法也许就是参加公司组织的各种活动，如会餐、郊游和野营等。在那里，人们会脱下紧绷的外壳，在相对放松的状态下讲述自己的苦乐，你会听到真实的抱怨、真诚的赞誉，包括客观的评价，你也会发现谁和谁走得近，谁和谁走得远。只要你摆正心态，具备明辨是非的基本能力，你就会发现谁可能成为你的朋友。

工作之外，学会聆听

当人们在办公室里忙碌奔波时，人们的思想与活动大都被严格地禁锢在本职工作的范围之内。当人们走出写字楼，到一个全新的环境中，就会发现原来需要放松的并不只是我一个。我们会听到许多工作中听不到的东西，即使与我们并无利害关系，只要有机会，我们还是会有兴趣地仔细聆听。与同事闲聊可以帮你跳出平常的一亩三分地，让你对公司有个更为全面的了解。

跳槽时记得把同事加入你的人力资源库

很多人都以为跳槽后，就可以与原单位道声"拜拜"，一走了之，"挥一挥手，不带走一片云彩"，这样做起来看似洒脱，其实你会无意之中丢失许多让你今后受益的东西。因为你在一个单位工作过一段时间，可能你所得不多，但与不少的同事毕竟有种亲近感，甚至是好朋友，他们说不定在以后会对你有所帮助，你不妨把他们加入你的人力资源库。所以在你跳槽高就时，不妨珍惜这一机缘，而不要丢弃这份宝贵的财富。

要认识到在现代竞争社会里，拥有丰富的人力资源有助于你的事业运转自如，所以每当我们跳槽时，要有保护自己人力资源的意识，从过去的工作里淘出属于你的"金子"来，这样的话，你过去的时光就没有白白浪费，你即使是空着两手走出原单位的大门，但你已经带走了一份很有价值的财富。

总之，人脉就是生产力，千万不要忽视人脉的作用。今天的努力会在明天收获丰硕的成果，良好的人脉关系也是实力积累的表现。对内、对外都要保持良好的关系，这是人格魅力的展现，也是积蓄资源的最好方式。

口渴前挖井：注重四两拨千斤的情感投资

人脉并非短期间的东西，要细火慢炖，不要等到口渴后才开始挖井。关系是一种长期投资，谁也不知道它在何时会开花结果。所以，千万不要以为这个人目前对我没有帮助，就不去理会他。平日里注重对人脉进行"情感"投资，关键时刻，会起到四两拨千斤的功效。

某公司要派人去参加同行业的年度会议，因为这类会议内容枯燥乏味，沉闷冗长，故使得众职员望而却步，退避三舍，令公司老板伤透了脑筋。

这时职员阿志主动提出去参加会议，同事们都笑他傻。但是阿志却认为，这类会议虽沉闷，但却是同行俊杰的大聚会，趁这个机会，多结交些同行，多联络一下感情，这对充实自己的关系网是大有裨益的。他日如自己另立门户时，这些关系网的作用不可低估，即使是眼下对自己的工作也是百利无一害。

阿志是真正的聪明人，他用公司的时间、公司的荷包去编织自己的关系网，这是上班族的一大秘诀。

但真要行动起来，却也不是一件易事。因为有的老板根本不懂这些情况，也不关心，这时就要你主动去打探哪里有这类会议，时间、地点、内容俱全，才能向上司提出参加会议的要求，以公司的名义委派出去。再有一类情况是老板虽然内行，但是个吝啬鬼，不肯掏腰包，这时你就要从大局考虑，如果这次会议对你的前途、你的关系网很重要，即使是自己掏腰包也要去，这才叫深谋远虑、有战略眼光。

工作中，人同此心，心同此理。其实很多人也渴望通过工作建立自己稳定的人脉。既然如此，我们和对方一拍即合，彼此成为对方的人脉。而这种情况下建立的人脉需要一种心灵的默契。

人际网络要勤力维护，因为俗话说："三年不上门，当亲也不亲"，"远亲不如近邻"，都说明经常来往，情感沟通，才能保持人脉。

准备卡片，记录下你的人脉

想进行情感投资，首先必须知道投资的对象。因此，你需要对人脉有个记录，如记录在什么活动中结交了什么人。不仅写名字，还要写下你对他们工作最感兴趣的方面。这样就不用记住所有的细节，在有所需要时就会有所侧重地查看卡片了。

利用转介机制，让人脉滚雪球

你的人际关系网是张安全的网，因此你可以慷慨些——介绍第三个人加入你们的行列。这样，你是这个关系网中的一分子而且是一个介绍人的名声就会传开，谁都需要这样的人，这会使你更受欢迎。利用转介绍的机制，人脉资源的拓展能产生一生二、二生三、三生万物的几何指数的倍增效应。

一个推销员拜访一位成功人士，问他："您为什么取得如此辉煌的成就呢？"成功人士回答："因为我知道一句神奇的格言。"推销员说："您能说给我听吗？"成功人士说："这句格言是：'我需要你的帮助！'"推销员不解地问："你需要他们帮助你什么呢？"成功人士答："每当遇到我的客户时，我都向他们说：'我需要您的帮助，请您给我介绍三位您的朋友的名字，好吗？'很多人答应帮忙，因为这对他们来说只是举手之劳。"闻听此言，推销员如获至宝，他按照那位成功人士的经验，不断地复制"3"的倍数，数年之后，他的客户群像滚雪球一样越滚越大，通过真诚的交往和不懈的努力，他终于成为美国历史上第一位一年内销售超过10亿美元寿险的成功人士，他就是享誉美国的寿险推销大师甘道夫。

不要轻易将人脉拖到黑名单

不要因为她休了一年的产假，就将那个前任的好友从你的联系人名单中删除。保持和她的联系，即便是她和你目前的工作完全没有联系。只有当你在时机好的时候维护好你的人际关系，你才能在不顺利的时刻获得帮助。

注重细节，为人脉做一些小事

小事也可以有大影响：在友人生日时送上鲜花或是发出一个祝福电子邮件，在朋友婚礼或是生育时也要及时送上祝福，当你在行业报告中读到老同事获得成功时不要忘记祝贺他。最终你会发现自己也会收到意想不到的祝福，也会有人想着你。

与人脉保持相对固定的联络

建立一个固定的联络方式是有必要的。与同事或同行每个月固定在聚会上见面，在这种聚会上会有不少免费的内部消息、工作方法的建议和成功的战略。

自己走百步，不如贵人扶你走一步

无论在公司，还是在企业中，你的上司就是离你最近的"贵人"。有些人专业技能很强，但也不能因此而忽视与上司的关系。因为能不能受到重用，关键还在于能否取得上司这个"贵人"的信任。如果这个"贵人"能扶你走一步，胜过你自己走百步。那么，如何将之收入人脉网中，为你所用呢？

摸清上司对自己的信任程度

子安在一家公司工作很长时间了，不久前调入人事部。人事部经理和子安年纪相当，两人经常在一起喝酒，子安认为人事部经理对他相当信任。但是在加薪时，子安却发现自己加薪的幅度远低于其他同事。子安为此感到很惊讶，于是他开始怀疑经理对自己的信任程度。

　　一天，他将经理请到一个酒吧。在觥筹交错之间，子安试探性地谈起一些他曾为人事部提过一些增加办事效率的建议，可不承想人事部经理竟然醉醺醺地说："你是不是以后想爬到我的头上？"这时，子安才知道经理一直对他很提防。

　　一位商界名人说："如果你想知道金钱的价值，只要向人家借钱就知道了。"如果你想知道上司对你信赖的程度，不妨像子安一样试探一下。如果上司对你有着很强的戒备心理，他就很有可能不是你要寻找的"贵人"。这时，就需要你衡量利弊，要么舍弃之，要么采取措施，积极拉近你们的关系，将之慢慢变成你的"贵人"。

兢兢业业的同时，勤于汇报

　　有的人工作兢兢业业，但对于一个管理很多部属的上司来说，他们往往是一群容易被遗忘的人。有时上司心情不好，甚至会说："真不知道他们在干什么！"努力工作而又疏于汇报的人，常常得不到上司好的评价。

　　你如果不说话，上司就不能了解你。必须抓住适当的机会，将自己的想法及愿望主动地表达出来。让上司重视你的诀窍就是勤于汇报工作，多与上司沟通，让他们及时了解你的工作成绩。一般来说，任何一个管理者都比较看重两样东西：一是他的上司是否信任他，二是他的下属是否尊重他。作为上司来说，判断其下属是否尊重他的一个很重要的因素，就是下属是否经常向他汇报工作。

对工作有耐心，有恒心

不要仅凭热情干事，兴趣来了就热火朝天地干一阵，兴趣一过就敷衍了事，三心二意，缺乏耐心与恒心。在上司眼中，这样的下属是靠不住的，自然也就不会委以重任。

苦干加巧干

不要只知"埋头拉车"，而不知"抬头看路"。不少人往往工作认真、兢兢业业，但忙忙碌碌一辈子就是没干出多少成绩，不仅没有得到提拔，反而在上司和同事的眼中留下了"笨"的印象。

苦干是上司喜欢看到的，但上司更喜欢巧干和高效率的下属。试想：同一项任务，交给下属甲需要一个月才能完成，交给乙可能仅需要两周时间就能完成，那么上司在用人时首先考虑的就可能是乙而不是甲。所以，既要有踏踏实实的苦干，也要有提高效率的巧干。

深入研究人：把人分类别绝不是可耻的事

要想赚取更多的人脉，除了平日里注重情感投资外，还要不断积累对于人的认识。当你把"人"研究明白了，做任何事情都会容易得多。因为我们的大部分工作，都是需要与人打交道。甚至很多时候，如果我们能找到并促使合适的人来干某项工作，我们自己就可以甩手。关于"人"的学问很大，而积累的经验越多，认识越深刻，越有利于我们的工作。

人在职场，必定会遇上形形色色的人，会与成百上千的人打交道。成功建立关系网的关键是选择合适的人，建立稳固的关系。

选择合适的人，组建关系网

首先，要适合自己。与自己生活、工作有关的领域，要建立关系，而没有这样的联系，也就不存在建立相应的人际关系。其次，数量合适。我们强调人脉的重要性，并非让你漫无目的地交际，否则就会由于应付这数不清的人际关系而叫苦连天。再次，要注重质量。

准备记事本，对关系网中的人分类

专门准备一个小本子，然后根据自己的需要对你关系网中的人进行分类。最起码应该列出哪些人是最重要的，哪些人是比较重要的，哪些人是次要的。如此一来，你自然会明白，哪些人脉需要重点维护，哪些关系只需保持一般联系，从而决定自己的交际策略。

选出特定的人，定期维护

选出10个你所信赖的人，因为有专家指出，通常情况下，良好而稳定的人际关系的核心必须由10个左右你所信赖的人组成。这首选的10个人可以是你的朋友，或是事业上与你紧密联系的人。为什么将人数限定为10个人呢？因为这种牢不可破的关系网需要你一个月至少维护一次，10个人就足以用尽你所有的时间。人数太多，过犹不及。

尽可能地让关系网保持稳固。人际交往中，由于编织关系网是要投入的，变化过于频繁不仅是对关系网的破坏，也会增加投入。再有，相互关系维持得越持久，也才越牢固，越有价值。所以，在适合的前提下，我们还应该尽可能地让自己的关系网的结构少些动荡，网上的结点少些变化。一言以蔽之，即尽可能地让关系网保持稳固。

那么，怎样保持稳固的人际关系呢？首先，保持联系是建立成功关系网络的一个重要条件。"人脉"就像肌肉，越练才会越发达；"关系"好比一把刀，常磨才会不生锈。若是半年以上不联系，你就可能失去这位朋友了。所以，不要与朋友失去联络，不要等到有麻烦时才想到别人。"用时是朋友"的实用主义做法，不利于人际关系的健康发展。其次，必要的"感情投资"也会使你的关系网更加牢固。这一点在别处有具体阐述，在此不赘述。

花费 80% 的精力和资源，经营好 20% 的贵人

在好莱坞，流行一句话："一个人能否成功，不在于你知道什么（what you know），而是在于你认识谁（whom you know）。"

有人总结说：对于个人，20~30 岁时，一个人靠专业、体力赚钱；30~40 岁时，则靠朋友、关系赚钱；40~50 岁时，靠钱赚钱。由此可知，人脉竞争力在一个人的成就里扮演着重要的角色。

假如你决心成为拔尖人物，千万不要忽视人脉的力量。人脉，往往会在你意想不到的时候，助你一臂之力。

如果你的人脉资源十分丰富，建议你进行人脉资源数据库管

理。你可以制作一个名片管理软件，然后输入相关数据。比如，姓名（中英文）、工作数据（公司部门与职称）、地址（办公地址、家庭住址、其他地址）、固定电话及移动电话、电子邮箱（公司与个人永久信箱）和个人网页等，甚至还可以输入更个人化的资料，如ICQ、MSN、生日和介绍人等。

企业经营管理中有一个著名的"二八"法则，通常的意义是说，在企业中20%的产品在创造着企业80%的利润，20%的顾客为企业带来80%的收入，20%的骨干在创造着80%的财富，80%的质量瑕疵是由20%的原因造成的等。"二八"法则告诉我们，要抓住那些决定事物命运和本质的关键的少数。

经营人脉资源也是如此。也许，对你一生的前途命运起重大影响和决定作用的，也就是那么几个重要人物，甚至只是一个人。所以，我们不能平均使用我们的时间、精力和资源，我们必须区别对待，我们必须对影响或可能影响我们前途和命运的20%的"贵人"另眼相看，我们必须在他们身上花费80%的时间、精力和资源。这是科学经营人脉资源的原则。

施惠于人才会获惠于人，不要吝啬帮助别人

一个现在没有能力帮助你的人，不等于将来帮不了你。我们无法预知谁能在最困难的时候伸手给我们。所以，用心培植身边每个人，不要因别人有用才向别人伸手，对现在没有用的人冷酷无

情。如果做不到，等到你真正需要帮助时，没有一只手会伸向你。

有只狐狸惊慌失措地跑进一个村落，喘得上气不接下气，四肢发软，好不狼狈。一只枝头上的鹦鹉看了，便问道："狐狸先生，您这是怎么了啊？"狐狸一脸惨淡，气喘吁吁地说："后……后面有一大群猎犬在追我！"

鹦鹉听了心急地大叫："哎呀！那你赶快到村口那位薛大婶家里躲一躲吧。她人最好，一定会收留你的。"狐狸一听："薛大婶？不行，前两天我偷了她鸡舍的鸡，她不会收留我的。"

鹦鹉想了想，又说："没关系，石樵夫的家离这里也不远，你赶快跑到他那儿躲起来呀！"狐狸却说："石樵夫？也不行，几天前我趁他上山砍柴时，偷吃了她女儿养的金丝雀，他们一家正痛恨我呢！"

鹦鹉又说："那么，你去投靠庄大夫吧，他是这村里唯一的医生，非常有爱心，一定不忍心看你被抓的。"狐狸尴尬地说："那个庄大夫吗？上次我到他家里，把他存的肉片吃得一干二净，还把他院子里种的郁金香给踩烂了！我没脸去找他。"

鹦鹉无奈地问："难道这个村里就没有信赖你的人了吗？"狐狸回答："没有，我平时把他们得罪了啊！"

鹦鹉摇摇头，说："唉，那么我也救不了你了。"

最后，这只平日里干尽坏事的狐狸，被猎犬抓住了。

没有人的一生可以永远是一帆风顺的，也没有人可以保证自己永远高枕无忧。就像故事中的狐狸，平日里再风光、再得意，有一天也可能面临失败与危机。当你失败时，你有朋友可以扶你一把吗？你身旁的人是向你热心地伸出援助之手还是冷漠地袖手旁观呢？

通常，我们都愿意和对自己有用的人交往，也愿意为他们提供帮助。对于自认为用不着的人，跟他们总会保持一定的距离，不要说帮助，就连一点同情心都没有。

人们在帮助别人时，差不多都抱有得以回报的心理，若是不能得到相应的回报，就不会心甘情愿地为别人做任何事情，这种想法是非常错误的。

在这个世界上，你认为能帮助你的人，未必你就能得到他的帮助。相反，你认为对你没有用的人，不知在什么时候却能向你伸出援助之手。所以，任何人对我们来说都有用，都能帮助我们，这种帮助可能有大有小，有直接也有间接的。同样，我们也能帮助别人，不管我们处于社会哪个阶层，能力大还是小，只要想帮，就能够为需要帮助的人尽一份力。

正所谓"施惠于人，才能获惠于人"。助人就是助己，帮助别人的人也能得到别人的帮助。不过，当我们帮助别人时应注意以下几点，否则极容易弄巧成拙。

帮助别人要注意面子问题

不要使对方觉得接受你的帮助是一种负担，且不可像做生意一样赤裸裸地说"我帮了你的忙，下次你一定帮我"。

人际往来，忽视了感情的交流，会让人兴味索然，彼此的交情也维持不了多长时间。人都爱面子，你给他面子就是给他一份厚礼。有朝一日你求他办事，他自然要"给回面子"，即使他感到为难或感到不是很愿意。这便是操作人情账户的全部精义所在。人们总是尽其全力来保持颜面，为了面子问题，可以做出常理之外的事。

帮助别人时要高高兴兴

如果你在帮忙的时候，觉得很勉强，意识里存在着"这是为对方而做"的观念，假如对方对你的帮助毫无反应，你一定大为生气，认为"我这样辛苦地帮你忙，你还不知感激，太令人失望了！"如此的态度甚至想法都不要表现出来。

帮助别人时要做得自然

帮助别人时要做得自然，不故意"打埋伏"，以免对方心想："和他做朋友，如果没用处，肯定会被一脚踢开！"

也就是说，在当时对方或许无法强烈地感受到，但是日子越久越体会出你对他的关心，能够做到这一步是最理想的。如果对方也是一个能为别人考虑的人，你为他帮忙的种种好处，绝不会像打出去的子弹似的一去不回，他一定会用别的方式来回报你。对于这种知恩图报的人，应该经常给予帮助。

凝聚人心：把利益摊开，让大家都伸手去拿

现实生活中，毋庸置疑的是每个人从本质上说，都是在追求名和利，不同的是追求的名和利各不相同，追求的方式也各不相同。名有虚实之分，利也有大小之别。智者往往善于让出虚名，

不仅赚来好人缘儿，从长远来看，还能获得大利益。

某公司举行年终颁奖典礼，销售部门的常务董事请这一年来销售成绩最高的两位经理说出他们得奖后的心得。

其中一位经理，面露骄傲的神情说："我担任这个职位，仅仅三个月，不过，自从上任以来，我每天都在不断地改善、计划……"

他这样滔滔不绝地炫耀自己的才能，台下的人都听得很不耐烦，他同一部门的销售员，各个脸上都浮现出愤怒的神情。因为，他把荣誉完全归功于自己，完全抹杀了别人的辛劳。

接着，轮到另一位经理报告，他谦恭地一鞠躬，从容地走上讲台说："我们能获得这项荣誉，完全归功于所有的工作同人，他们是这样的热心，努力地工作……"

然后他叫出每个销售员的名字，让他们一个个地站起来，再一一致意。于是，气氛显得融洽而愉快。

你注意到两者的差异了吗？独占荣誉，不但徒增别人的反感，也使得销售员失去干劲。把荣誉分给所有的销售员，自己不但毫无损失，还赢得了别人的支持、赞助。

《诗经·大雅》有云："投我以桃，报之以李。"说的是一方有所馈赠，对方必然有所报答。如果我们能学会与人分享荣誉，重视团队的力量与人际关系，必然会博得各方的褒称，提升自己的个人形象。相反，那种只顾独吞荣誉，"竭泽而渔"的做法，只会毁了自己的前程。

事实上，成功人士不仅善于分享荣誉，还善于把利益摊放到桌子上，让大家都伸手去拿。

一位青年，先是为公司的临时职工提供必要的福利，进而还创立了美国企业历史上第一个"期股"形式，即让公司所有员工都获得公司的股权。此举开始时受到公司高层许多人的反对，而且在推行初期企业出现亏损。但这位青年力排众议，没有丝毫的动摇和退缩，仍然坚持和员工分享公司利益。

他坚信通过利益共享，与员工形成互相信任的密切伙伴关系，并将这种信任和忠诚传递给顾客，这样股东的长期利益才会增加，其效果比单纯广告宣传对公司作用要大得多。

实践证明他的决策是正确的。经过一段时间的运作，不但公司业务很快扭亏增盈，而且被誉为全球最受尊敬的公司，股票市值在10多年间上升了100多倍，市值达到300亿美元。这个年轻人就是霍华德·舒尔茨，他所领导的公司就是当今全球最炙手可热的咖啡连锁店——星巴克。

舒尔茨的坚持与员工分享公司利益的政策，赢得了员工，赢得了客户，赢得了公众的支持和认可，很快从一个成绩平平的公司迅速崛起成为全球最受尊敬的公司。

经营一个企业如此，人际交往亦如此。兵家以"人和"为上策，社交也应以"人和"为根本。面对利益、荣誉等美味"糕点"时，不要像狮子大开口一样试图独吞，而要学会与人分享。这样，你会凝聚人心，创造"人和"的环境和氛围，才能助你跨过人脉支持乏力的坎，进而有所作为。

心态：工作前 5 年，从看不开到放得下

看得开是智者的领悟，放得下是超然的觉醒，低调是谦卑的气度。我们要在思想中求得一双"六破"的僧侣之鞋来提醒自己"低得下头，看得破"，这样，我们的面子及内心烦恼的坎儿会跨得容易一些。

用什么眼光看世界，就会收获什么世界

有的人感觉世界总是灰暗的，阴霾漫天，充满了凄风苦雨；有的人感觉世界则是洒满阳光，即使是偶有风雨袭来，他们也相信天空终会平静，一道彩虹会划破天际。

为什么人们感觉到的世界会不一样，有如此大的差异呢？因为他们有不同的人生态度。一个人用什么样的眼光看世界，他的世界就是什么样子的，也就会收获一个怎样的世界！

苏东坡一天问好友佛印，我在你眼中是何法身呢？佛印答曰"是佛"。佛印接着也照葫芦画瓢地反问，苏东坡却回答"是粪"。回家后，扬扬得意的苏东坡却被苏小妹泼了一瓢冷水。苏小妹说："本心是佛，看人是佛。看人是粪，本心是粪。"

想驱散阴霾与烦恼，让自己的心中充满快乐与勇气，不妨用阳光的心态看世界。

有一个人因自己的家乡不好，于是就来到另外一个地方。他向这里的人问道："这里好吗？"这里的人并没有直接回答，而是反问道："你的家乡好吗？"年轻人说："我的家乡一点都不好，简直糟透了。"这里的人接着说："这里同你的家乡一样糟，你还是赶快回去吧。"

这时，又来了一个人，他也向这里的人问道："这里好吗？"这里的人依然反问道："你的家乡好吗？"这个人回答说："我的家乡很好，那里有我可爱的亲人、漂亮的鲜花和静静流淌的小河。"这里的人便对他说："这里也同样很好。"

那个说自己家乡不好的人觉得诧异："你们为什么对这里的说法前后不一致呢？"这里的人回答道："心中充满光明的人，在哪里都能够看到光明；心中没有光明的人，在哪里都无法看到光明！"

当你用明亮的眼光看世界，世界就是光明和活泼的，你也是阳光的；当你用消极、阴暗的眼光看世界，世界依然充满阳光，但你的世界却是阴晦和黯淡的，你的结果也是消极的。

日本八佰伴集团总裁和田一夫先生面对破产依然笑容满面，他从国际流通集团总裁到身无分文的穷光蛋，从拥有30间一幢的海景豪宅到只能租住一室一厅的简陋公寓，从乘坐劳斯莱斯专车到自己买票挤坐公共汽车和地铁，和田一夫的生活从最上层一下滑落到了最下层。

可是，这位70岁老人的脸上没有破产后的愁苦神情，相反，一头向后梳理的头发整齐而油亮，一套合身的西装衬托着他笔挺的腰板，嘴角总是挂着淡淡的微笑。在日本，破产者往往很受歧视。他们躲在社会的角落中，有的破产者经受不住打击，最后以自杀了事。但是，和田一夫坚信，一切都会好起来的。靠着这样的信念，他又成立了一家新公司，准备东山再起。正是靠着这样的勇气和决心，和田一夫的新公司渐渐有了起色。

　　有两个人看玫瑰花，一个人抱怨说，每一朵玫瑰花下面都有刺，另一个人则充满惊喜地说，每一枝带刺的枝条上都盛开着鲜艳的花朵。一样的玫瑰花在不同人面前，带给他们的感受大不相同。心中阴暗的人看到的是丑陋的刺，感受到的是心中的怨气；心中充满光明的人看到的是美丽的花，感受到的是心中的惊喜。

　　凡事只有从积极的角度去看待人生，勇于迎接挑战，心中才会充满力量，人生才会充满希望。

放下些，有时自尊不是最重要的

　　人不仅需要尊重自己，还需要别人尊重自己，将自尊的需要作为一种动机去指导自己的行为，这并没有什么错误。但是，这种自尊心理不能过分，凡事都要讲一个"度"字。

　　有物理常识的人都知道：任何具有弹性的物体，都要有一个弹性区间，无论伸张或是压缩，都要在此区间之内，否则我们看到的只会是变形。人的自尊也要有一个弹性的区间。为人处世不可以毫无自尊；反过来，自尊过盛，也不太好。

　　正确的原则是：从实际需要出发，让自尊心保持一定的弹性。人不仅要满足自尊的需要，还要考虑自己的其他需要，如事业、工作和友谊等。坚持把实现实际的宗旨看得高于自尊，让自尊服从交际的需要。这样你对自尊才会有自控力，即使受到刺激，也不至于脸红心跳，甚至还能做到不急不恼，哈哈一笑，照样与对手周旋，成为交际的赢家。

如果过于看重自尊心理，就会担心自己的行为是否得当，猜测人们会怎样看待自己，甚至有时会因为过分的自尊心理，而不愿与比自己强的人交往，担心与之交往，会失去自己的尊严。即使有些人自己的物质利益有所损失，他也不在乎，他在乎的是满足虚荣心和表面上的尊严。

为什么有的人会有这么强烈的尊严感？这与他们以道德为核心的观念是分不开的，有时他们认为尊严是不可侵犯的："士可杀，不可辱"，"宁可饿死，绝不吃嗟来之食"。

自尊心过强，会导致草木皆兵，使得心理空间变小，对人对事缺乏应有的弹性，一旦遇见问题往往会越想越窄，越想越激动，产生过激行为，很容易伤害自己。如果一个人在现实生活中与世无争，对于财富和权力不愿去争、去斗，导致缺乏其他的东西，自尊就变得很重要了，它是保持心理平衡的一个重要保证。所以，即使是对自尊微小的触动都会造成这个人心中巨大的起伏。

固守自尊的另一个特点就是做什么都怕犯错误，听不进去别人的批评和劝告，通俗地说就是有些"独"。

"金无足赤，人无完人"，没有人会永远不犯错误。喜欢赞美是每个人的天性，当有人对着自己狠狠数落一番时，不管那些批评如何正确，都会让人感到不舒服，有时更会让人拂袖而去，连表面的礼貌也没有了，常常让提意见的人尴尬万分。结果就是下一次犯了更大的错误，也没有人愿意劝告了，这是自己的一大损失。

正确的做法是：能坦诚面对自己的弱点和错误，拿出足够的勇气去承认它、面对它，这样不仅能弥补错误所带来的不良后果，还能加深别人的良好印象，痛快地原谅你所犯的错误。

迅速而热诚地承认错误，这比为自己争辩会产生更好的效果。不小心犯错是件很普通的事情，重要的是犯错后要用正确的态度对待它，"有则改之，无则加勉"。勇于承认错误，可以获得某种程度的满足感，不仅可以消除罪恶感和自我保护的气氛，而且有助于解决这个错误所产生的问题。能够承认自己错误的人，会获得他人的尊重，而且令人有一种高贵、诚信的感觉。

敞开胸怀，坦荡承受必然之事

"对某些必然之事，要轻快地加以承受。"这句话从耶稣诞生前399年就流传开来了。在这个充满竞争与忧虑的世界，今天的你比以往更需要这句话。

假如遇到一些令人不可接受而客观上又不能避免的事实，那么，你应该怎么办呢？阿姆斯特丹一家15世纪的老教堂的废墟上有这样一句话，或许会给你启发——事情既然如此，就不会另有他样。正如有连遭不幸的公司，同样，也有连遭悲伤和烦恼的个人。现实生活中，你会碰到一些令人不愉快的情况，它们既然是这样，就不可能是那样。因此，要乐于接受必然发生的情况，接受所发生的事实，唯有如此，才能克服随之而来的逆境与不幸。

　　贤明的唐尧担任部落首领几十年，人老了想找个接班人。于是，聪明贤能的虞舜成为被考核的对象。虞舜有个后母所生的弟弟像，几次调唆父亲和后母加害虞舜，虞舜一点不记仇，仍然孝顺父亲，爱护弟弟。

　　虞舜和气谦让，人们乐意与他和睦相处，他居住的地方也由偏僻的乡村变成了热闹的城镇。唐尧赏给虞舜一把名贵的琴、许多衣料，又为虞舜修建了粮仓。像看见舜家富裕了，十分妒忌，多次想加害他，虞舜仍然和原来一样对弟弟十分友好。

　　唐尧经过考察认为虞舜品德高尚，又有才能，便把部落首领的位置让给了虞舜。

　　虞舜放开胸怀，坦然面对多次加害他的像，以德报怨，对众人保持一颗真诚善良之心。也正是因为他做到了这些，才获得了人们的爱戴和至上的权力。唯有学习坦然面对失败和痛苦才能拥有真正的幸福，让生命中无可避免的困境、失败、障碍、疾病与痛苦都转变成创造成功、奇迹与完美的力量。

　　我们要相信主动权在于自己，不在于问题。如果遇到睁开眼睛就是重重困难的境况，你就需要有战胜困难的勇气和深思熟虑的拟订收复失地计划的能力。要培养出这两种特别的气质，否则只能停滞于现状，受到严重打击，日夜悲伤，一味消沉下去。

　　为了拿出积极的行动，就有必要积极调整心态。马斯洛曾说："心若改变，你的态度跟着改变；态度改变，你的习惯跟着改变；习惯改变，你的性格跟着改变；性格改变，你的人生跟着改变。在顺境中感恩，在逆境中依旧心存喜乐，认真地活在当下。" 这也许是世上最难的事情了。可是要战胜困难，首先必须要下决心去面对它。无论如何，要努力恢复自信，试着告诉自己："我不能被困难打败，我要解决一切难题，我要争取最后的胜利！"

不论在哪种情况下，只要还有一点挽救的机会，我们就要奋斗。可是，如果当常识告诉我们，事情已经不可避免，也不可能再有任何转机时，那么就不要纠缠不放，要立即转换角度，接受不可避免的事实，立即做下一件事情。这样做的目的是避免将时间和精力浪费在不可改变的事情上，既影响我们自己的心情，也影响我们做应该做的事情的进度。

应对尴尬，用幽默下台阶

幽默作为一种特殊的言语交际方式，应同面子联系起来研究。遇到尴尬，感觉没面子时，幽默也许会让你在绝境中获得新生，既能给自己一个台阶下，又能给对方一份安慰的赠礼。

幽默家兼钢琴家波奇，有一次在美国密歇根州的福林特城演奏，发现听众不到大半，他当然很失望也很难堪，但是他走向舞台时却说："福林特这个城市一定很有钱，我看到你们每个人都买了两三个座位的票。"于是整个大厅里充满了欢笑，波奇也以寥寥数语化解了尴尬的场面。

由此可见，恰当地运用幽默的言语可以起到维护交谈双方面子的功效。幽默是润滑剂，能使僵滞的人际关系活跃起来；幽默是缓冲装置，可使一触即发的紧张局势顷刻间化为祥和；幽默是一枚包裹着棉花团的针，带着温柔的嘲讽，却不伤人。懂得幽默的人往往比不懂幽默的人更具有吸引力和凝聚力。

人际交往时，在无法避免的冲突中，幽默感不强的人就面临考验，是拍案而起、横眉怒目，还是悲天悯人、大智若愚？幽默家的高明在于即使到了针锋相对之时，也不像通常人那样让心灵被怒火烧得扭曲起来，而是仍然保持相当的平静。在对方已感到别无选择时，幽默家仍然有多种多样的选择。

一位光头者，当别人说他"理发不用花钱，洗头不用烫"时，他当场变了脸，使一个原本比较轻松的环境变得紧张起来。

一位演讲的教授，也是个光头，他在自我介绍时说："一位朋友称我聪明透顶，我含笑地回答：'你小看我了，我早就聪明绝顶了。'"然后他指了指自己的头说，"我今天演讲的题目是外表美是心灵美的反映。"教授就这样开始了自己的演讲，整个会场变得活跃起来。

同样是光头，同样容易受到别人的挪揄和嘲谑，为什么不同的人得到的却是别人不同的认可，其间的缘故就是没有幽默感。

幽默不仅反映出一个人随和的个性，还显示了一个人的聪明、智慧及随机应变的能力。但需要注意的是，幽默既不是毫无意义的插科打诨，也不是没有分寸的卖关子、耍嘴皮。幽默要在入情入理之中，引人发笑，给人启迪，这需要一定的素质和修养。

生活中应用幽默，可调节情绪，缓解矛盾，促使心理处于相

对平衡状态。我们常有这样的体会，在会场或课堂上，一席趣语
可使气氛和谐而轻松，增加了接受效果；在友人间的笑谈中，一
则笑话，常令人捧腹不止，在笑声中交流和深化了感情；在旅游
登山时，一句幽默，引出一阵欢声笑语，使人倦意全消，鼓劲前
行。可见，幽默与笑是情同手足的姐妹。上乘的幽默是交际的润
滑剂，是鼓劲的维生素，是智慧的推进器。

既然幽默好处如此之多，那么我们该怎样培养幽默感呢？

领会幽默的含义

领会幽默的内在含义，机智而又敏捷地指出别人的缺点或优
点，在微笑中加以肯定或否定。幽默不是油腔滑调，也非嘲笑或
讽刺。正如有位名人所言：浮躁难以幽默，装腔作势难以幽默，
钻牛角尖难以幽默，捉襟见肘难以幽默，迟钝笨拙难以幽默，只
有从容、平等待人、超脱、游刃有余、聪明透彻才能幽默。

扩大知识面

幽默是一种智慧的表现，它必须建立在丰富知识的基础上。
一个人只有有审时度势的能力、广博的知识，才能做到谈资丰
富、妙言成趣，从而给出恰当的比喻 。因此，要培养幽默感必
须涉猎广泛，充实自我，不断从浩如烟海的书籍中收集幽默的浪
花，从名人趣事的精华中撷取幽默的宝石。

陶冶情操，乐观对待现实

幽默是一种宽容精神的体现。要善于体谅他人，要使自己学
会幽默，就要学会雍容大度，克服斤斤计较，同时还要乐观。乐
观与幽默是亲密的朋友，生活中如果多一点趣味和轻松，多一点

笑容和游戏，多一份乐观与幽默，那么就没有克服不了的困难，也不会出现整天愁眉苦脸、忧心忡忡的痛苦者。

培养深刻的洞察力

提高观察事物的能力，培养机智、敏捷的能力，是提高幽默的一个重要方面。只有迅速地捕捉事物的本质，以恰当的比喻、诙谐的语言，才能使人们产生轻松的感觉。当然在幽默的同时，还应注意，重大的原则总是不能马虎，不同问题要不同对待，在处理问题时要有灵活性，做到幽默而不俗套，使幽默能够为人类的精神生活提供真正的养料。

扛得住，忍得住，梅花香自苦寒来

正如季节会更迭，会循环往复地经历春、夏、秋、冬，人生不可能永远春光明媚，也会经历寒冬腊月。此时，我们不能烦恼，不能焦躁，不能气馁，更不能放弃。我们必须默默地忍耐，默默地等待，默默地坚守，只有这样，才能走出冬季，迎来下一个鸟语花香的春天。

孟子对"忍耐"一词有独到见解："天将降大任于是人也，必先苦其心志，劳其筋骨，饿其体肤，空乏其身，行拂乱其所为，所以动心忍性，曾益其所不能。"意思是说，对个人的发展而言，养成能忍耐、会忍耐的品性，凡事看得透、想得开，是一个人有修养的标志。

春秋时期，越国被吴国打败，"越王勾践反（返）国，乃苦身焦思，置胆于坐，坐卧即仰胆，饮食亦尝胆也。"忍中不贪安逸，忍中不近甘味，终于复国。

"忍"字在《古兰经》中出现过70多次，真主安拉以种种方式赞扬坚忍者，并授予坚忍者不曾授予他人的诸多殊荣。安拉说："唯有坚忍的人，得享完全的、无量的报酬。"

在被问及谷歌在中国为何竞争不过百度时，时任谷歌全球副总裁兼中国区总裁一职的李开复坦然表示：这很简单，我们进来得晚，2006年初才开始做真正的本地谷歌搜索。2006年，我觉得我们是在质疑中度过的，我觉得我们的心境应该是一个有耐心的，能够扛得住、忍得住。2009年，我们看到非常多新的商机，如我们的音乐产品，得到140家音乐公司的支持。我觉得大家开始注意到了，谷歌在中国是会成功的。

要为人生备战，你就必须在你的堡垒里配备忍耐力。一触就跳、一碰就叫，这样的人怎能成就一番伟业，拥有华丽的人生？曾经当过医生的法国讽刺作家拉伯雷早在16世纪就曾经说过："忍耐力强的人，什么事业都能完成。"戏剧大师莎士比亚也留下过类似的话："没有忍耐力的人，是多么贫穷。"

有时我们感到自己已陷入窘境，实际上只不过是由一些困难堆成的一座小山而已。你得把它们整理下，一一评价，各个击破。要学会忍耐"暴风雨"，一个波浪一个波浪地度过。遇到困境时，使用这种方式的人很多。在重压下要保持清醒的头脑，要有足够的忍耐力。

　　佛教用语"娑婆世界"说的是什么意思？娑婆是印度语，在汉语中有"堪忍"之意。说的是这个世界的人承受力非常强，忍耐力特别好，不管多苦的事都能够承受，无论多难达到的目标都会设法去完成。

　　毛泽东在1944年4月9日给陈毅的信中也提到忍耐："来信已悉，并送少奇同志阅看。凡事忍耐，多想自己缺点，增益其所不能；照顾大局，只要不妨大的原则，多多原谅人家。忍耐最难，但作为一个政治家，必须练习忍耐……"

　　人生无所谓困苦、艰辛，种种不尽如人意的境遇，充其量只算作坎坷罢了。对于坎坷，要扛得住、忍得住，有耐心地一个坎一个坎地过。忍耐是一种优秀的品质，同时也是血气方刚的年轻人难以培养的品质。当然，忍耐也讲究"度"，绝不可以忍耐无度。

　　过忍，会使不少人的骨骼中缺"钙"，变得窝囊、缺乏个性，越来越带有奴性，也会越来越自卑。过忍，实际上是一种消极适应社会的生存之道。

　　这样的人不懂得宣泄情绪，不善于积极想办法去化解矛盾，只会将个人在人生中所遇到的矛盾、问题统统由自己默默承受，一个人在夹缝中生活、在某个角落掉眼泪。如此一来，矛盾自然会越积越多，个人也越来越痛苦。一方面苦了自己，另一方面对身边的人也会产生消极影响。

抱怨是懦弱的自白，感恩是睿智的心态

从前有个寺院的住持，给寺院里立下了一个特别的规矩：每到年底，寺里的和尚都要面对住持说两个字。

第一年年底，住持问新和尚心里最想说什么，新和尚说："床硬。"

第二年年底，住持又问这个新和尚心里最想说什么，新和尚说："食劣。"

第三年年底，这个新和尚没等住持提问，就说："告辞。"

住持望着这个新和尚的背影自言自语地说："心中有魔，难成正果，可惜！可惜！"

住持口中所说的"心中有魔"，指的是新和尚心里无尽的抱怨。新和尚只看到自己，只考虑自己的所得，却看不到别人的付出，看不到别人给过他什么，没有一颗感恩的心，所以他感受到的永远是不满和牢骚。

现实生活中，像新和尚这样的人屡见不鲜。在他们眼里，这也不如意，那也看不惯，一天到晚怨气冲天，牢骚满腹，好像别人都欠他似的，丝毫感觉不到别人和社会对他所做的。这些人缺失感恩意识。有位哲人表示，世界上最大的悲剧和不幸，就是一个人大言不惭地说："没人给过我任何东西。"

记得励志成功学大师韦恩·戴尔博士在他出版的新书《心诚则灵》中写道："停止抱怨，你就能在众多的竞争者中脱颖而出。不要做一只鸭子，要做一只雄鹰，鸭子只会'嘎嘎'抱怨，而雄鹰则在芸芸众生中奋起高飞。"

要塑造一个全新的自我，从放弃指责与抱怨，学习感恩与宽恕开始。时时怀着一颗感恩的心，不仅能铲除你心中抱怨的杂草，还能让你的事业、生活甚至整个人生变得更加温馨、快乐和充满动力。从尝试感恩，放弃抱怨，到开始寻找快乐，进而掌控自己的生命走向，你会发现一切都是那么美好。

别再抱怨上天的不公，它对待每个人都是一样的；别再抱怨自己的命运太苦，命运其实就掌握在自己手中；别再抱怨生活太无奈，正因为体验到其中的酸甜苦辣，你才知道了自己生活中存在着精彩的一幕幕；别再抱怨那些不如意的事，只要你学会从另一个角度去思考，就会发现不一样的天空……

先蹲后跳，不断归零赢来持续骄傲

有个自负聪明的学生去参加考试。试卷一发下来，他大致浏览了一下，除了试卷最上面一行"请先看完所有题目之后，再开始作答"之外，有一百道是非题。以他的实力，大约30分钟可答完，他满怀自信地提笔开始作答。

过了两分钟，有人满面笑容地交卷，这个聪明的学生心中暗笑："又是交白卷的家伙。"

再过了五分钟，又有七八个人交卷，同样是笑容满面，看来不像是交白卷的模样。这个聪明的学生看看自己只答了二十几题，连忙加快速度，埋头作答。

待他答到第76题时，赫然发现题目写着"本次考卷不需作答，只要签上姓名交卷便得满分，多答一题多扣一分"。

他满脸狐疑地举手欲向监考老师发问，只见同时也有数名考生迷惑地四处张望。

聪明的学生看着试卷第一行的说明："请先看完所有题目之后，再开始作答。"

他不禁痛恨自己答题的快速。

在我们的人生历程中，是否也曾发生过类似的情形？自视过高，不善于听信别人好的意见，是一般人常犯的错误。

在面对难题时，若能单纯地依照有经验者的指示，按照顺序去处理，难题可能变得极易解决。真正难的部分，在于我们时常高估自己的聪明，而忽略了旁人的智慧。

不下山，就不能登上更高的山峰，不归零就不能持续性发展。建议你在面对任何人生际遇时，回想一下第76题的是非题，遵从人生答题的指标，去对整个状况做通盘了解，切勿自作聪明。

何谓归零心态？其实就是一种虚怀若谷的精神，清空过去，从零开始。杯子清空了，才能再装水；计算器归零了，才能进行新的计算。如果一道题的数字很多，算了一部分，也最好归零，再算另一部分，免得中间一数出错，前功尽弃。

一位年轻人跟方丈学禅。一年后，年轻人开始骄傲自满，认为自己出师了。有一天方丈让年轻人找来一个水桶，方丈说道："现在这个水桶是空的，你把它装满石子。"年轻人照办。方丈问："还能装吗？"小伙子说："不能装了，已经装满了！"方丈笑道："你取些沙子装在里边！"年轻人照办。方丈又问："还能装吗？"年轻人答："这下什么也不能装了！"方丈又笑一笑说："打点水来装进去！"小伙子又在桶里加水，加着加着，突然悟到了什么，立刻跪在方丈面前："师父，我错了。"从此年轻人又开始用心地学禅。

走在成长的路上，归零心态是我们必须首先拥有的。海尔集团首席执行官张瑞敏说，我们主张产品零库存，同样主张成功零库存。只有把成功忘掉，才能面对新的挑战。海尔的年销售额数百亿，张瑞敏从未有一丝飘飘然的感觉，相反，时时处处向员工灌输危机意识，要求大家面对成功始终保持一种如履薄冰的谨慎。

蛇每年都要蜕皮才能长大；蟹只有脱去原有的外壳，才能换来更坚固的保障；人生没有归零点就不会有新的生长点，不会归零就不会创新和循环壮大。清空原来所有，使之处于归零状态，这是生活之必然，也是开展事业的要求。

在工作、生活中，任何事情的结束，无论成败，都不妨让它归零，让自己回到人生的起点，找出自己所有的优点和缺点，以全新的姿态开始另一件事。千万别被那些成就、经验、利益和学识等看似重要的东西束缚了自己。如果一件事延续的时间很长，也可以分阶段归零。

只有将自己心中那杯已经长满青苔的水倒空，而且要不止一次地倒空，才能源源不断地注入新的清澈之泉，进而保持个体的生机和活力。

格局：工作前 5 年，从追赶别人到成就自己

当你受经济大环境的影响，难以找到一份称心如意的工作时；当你被残酷的职场竞争及生存压力等这样、那样的因素历练成一个职场老手，却依然难以跨过事业格局的关坎，并为此愁容满面、迷茫无助时，创业，也许会给你另外一条出路。

打工成就别人的成功，创业才属于自己

有些人选择退缩，让别人开创事业，创造利润，自己为其提供就业机会。在他们眼中，自己按点工作，让别人承担责任能让自己更轻松一些。而他们所要做的就是下班后回到家，尽可能地随遇而安。

其实，人人都是潜在的成功者。每个人都完全可以开始思考："我是否可以胜任一项更好的工作？我是否有可能自己创业，做点别的事情，发挥个人的创造力？"年轻人就应该勇于创业，而不仅是抓住别人提供给自己的"工作机会"，做些不需要担责任的"工作"。

单位里新来了一名女大学生，小伙子帮着她去领办公桌，没想到，她挑了一个小时都没挑好。小伙子说："差不多就算了，不就一张办公桌吗？"谁料，那名女大学生说："我刚毕业分配来，这张办公桌可能要陪我一辈子呢！"

说者无心，听者有意。这句话对小伙子产生了很大的震撼，一想到自己一辈子可能就围着一张办公桌转，他就不寒而栗。他毅然离开了闲散的机关单位，开始了自己的创业历程，这个小伙子就是如今的房地产大鳄潘石屹。

一些天赋相差无几的人，由于选择了不同的方向，人生迥然相异。所以，走好每一步，做好每一次选择就显得尤为重要。选择往往是一道门槛，不同的选择将决定不同的人生命运。

你是选择做一个打工仔，还是选择做一个创业人？浙江人的工作哲学："宁做创业狼，不做打工狗"，虽然这话说得有点极端，不少给别人打工的朋友听闻此言，有反感、厌恶之情也在所难免，但仔细想想，却不无道理。

狼为了寻求自由，宁愿独立人格、自由思想、浑身是胆地奔跑在茫茫草原之上，猎羊杀牛，肆意享受自然女神提供的美味，吃饱饭足后就尽情躺在草地上，悠闲地享受温煦的阳光，呼吸清新的空气。草原狼有足够的尊严，它们是草原的主宰，但也必须学会抗击人生的冬季，如忍受寒风暴雪，忍受饥肠辘辘，它们甚至还会随时担心自己会因冻饿而死。

相比之下，狗的生活是有保证的，尽管只能吃一些残羹冷炙。虽然吃到足量美味的机会不多，但起码有主人的庇护，不用为冬天的到来而担心挨饿受冻。安逸的状况让狗们感恩戴德地开始默想：未来的岁月依旧为主人效忠。渐渐的，委曲求全成了贴在狗头上的标签。为了稳定的饭碗，学会了听话和服从；为了自己老时有一份固定的口粮，学会了摇尾乞怜！在主人吆三喝四的呼声中，它们失去了自由与尊严。

现实生活中，绝大多数人都缺乏破釜沉舟的勇气，而选择稳定、安逸的生活，只有少数人才会选择狼的生活。事实上，成为社会台柱子或者做出一番成就的，正是这些不安分的少数人。一个人想出类拔萃，需要舍弃贪图安逸的心理，像狼一样勇于追求自由的人生。因为打工是成就别人的成功，创业才完全属于自己。

孟玲霞是河南省邓州市都司镇都司村的一名女大学生。2000年6月从郑州大学毕业后，被深圳一家公司聘为文秘。两年后，孟玲霞觉得"抄抄写写，整天待在办公室，虽然安逸，但总觉得不是她所追求的人生……"，于是，她不顾亲戚朋友的劝阻，回到家乡。

2006年，她开始从事黄粉虫养殖，自2007年养殖成功以来，她的收益已经达到60多万元。在豫鄂两省交界处，她的名气越来越大，被乡亲们称为"养虫状元"。

目前，孟玲霞已经辐射带动周边县市和本村60多户农民养殖黄粉虫1万多箱，每户年均效益达到3万元以上。

一个人如果以追求安逸舒适的生活为人生目标，则只需适当调整一下心态，坚守现有的工作状态便可以实现。但是如果想体验不同的人生精彩，实现另一种人生的飞跃，那么创业才是适合自己的选择。否则，打工的时间越长，容易让人越来越心虚，越来越胆怯，越来越沉湎于单位之中难以自拔，最终创业的念头只能永远留在心底，成为永久的遗憾。

创业不成一场空，你准备好了吗？

"百威酿酒"老板之一的赵天慧，当初由于看不惯公司级别比他低的外籍雇员的工资竟然比他这个"上司"高出许多，便移民到加拿大。他移民前已身居高位，尽管离最高位置还有点距离，但在外企中总经理助理的位置也足以让许多人羡慕。

移民后的一天，正处于四处发简历、找工作的赵天慧闲暇时与房东、同样来自中国的新移民刘兵聊天，两人天南海北地侃，从中国经济腾飞谈到加拿大优美环境、从新移民找工难再聊到"海归"也不易，聊着聊着说到自己太太带回国的冰酒"竟然最受欢迎"，此时两人有了共识："找不到工打，何不自己当老板，进军酿酒业？"

心动不如行动，他们开始运作，从选店、申请和拿到营业执照，大约用了三个月。赵天慧回顾创业初期也觉得有点后怕：申请营业执照前要将店面租好，装修成适合酿酒的环境还要添加必要基本设施及申请费，这些先期投入是在你根本并不确定一定能批下来、拿到营业执照时必备的。一旦申请不被批准，前面的两万元投入不说"打了水漂"也将损失大部分。

还好，一片苦心没有付之东流，2002 年 9 月"百威酿酒"开张。不想，尚未走出打知名度创业阶段的"百威"，不久便面临SARS 侵袭，原本就不够活跃的市场，一下子更冷清下来。冰酒的卖点就是回国礼品，SARS 在中国肆虐，回国人数锐减，如此下去，酒家很快就得关门。此时就得靠心理承受能力，这就是当老板与打工者的根本区别。

赵天慧还强调说："你准备好了要开始自己做生意时，首先要做好面对逆境、赔钱的心理准备。作为一个企业，无论大小，初期摸索、付"学费"的阶段十分正常。自开业一年多，"百威"仍处于不稳定阶段，资金也常常出多入少，直到2004年圣诞节，"百威"在大陆社区有了一定知名度，才走出摇摆、渐成气候，两个小老板才开始兜里略有盈余、松了一口气。

因此，我们提醒那些跃跃欲试亦打算开办自己小生意的创业者，先做好市场调查，再对自己的经济实力、心理承受能力等方面进行自我评估。

李善友，2005年被提升为搜狐公司高级副总裁，2006年离开搜狐公司后，投身Web2.0大潮，创立了视频分享网站酷6网（www.ku6.com），并担任酷6网的董事长兼CEO。目前，他创立的酷6网已经成为视频分享行业的第一视频门户。

他坦言对于创业者来讲有一句话特别重要，大家常爱说的一句话，即一年之计在于春，这句话是错的，一年之计在于冬，谁都不是生下来就生在一个温暖的春天，创业尤其如此。创业从某种意义上来讲是一条不归路，没有做好创业准备的人，或者不适合创业的人，就不要走这条路。"一事无成一场空"，创业就是这样。

创业者创业之前要问问自己的心里有没有做好创业的准备，有没有准备好在这个过程当中承受内心的煎熬，不要看到别人创业成功得到了很多钱就蠢蠢欲动。李友善说："我在创业时做了充分的思想准备，我能够克服困难，但是实际上遇到的困难肯定比你想象的困难要多上10倍还不止，这是真话。"

给别人打工的人，每天早晨睁开眼就可以想："老板昨天欠我一天的工资。"一旦自己创业，想的就不一样了，过完今天，你会又欠员工一天的工资。有时，这样的压力甚至大到不仅仅是生理极限，而且也是对心理极限的一种考验。如果你没有做好充足的思想、心理准备，就不要轻易创业。

这是因为作为创业者，尤其领军人物，往往是孤独的。更多的情况是你不知道做出一个向左或者向右的决定，会对未来有着怎样的影响。李友善将这种迷茫比作在一片漆黑的地方，谁都看不到路，大家都看着你，其实你也看不到路，你要有能力找出一种微光，往微光那儿走去，首先要自我激励说，光那就有路，然后再激励别人，"我真的看到光了，你们跟我走吧"。一年之计在于冬，冬天要坚持走下去，一定能等到春暖花开的时候。不经一番寒彻骨，哪得梅花香自来？

乐在创业，才会成为创业中的佼佼者

创业者成功以后最爱回忆的总是最初那段日子。想起打地铺，已经松垮的肌肉就会马上收紧；想起用洗脸盆盛回锅肉，马上就会口水流连，因为那是最艰难的，但也是最值得骄傲的。之所以在那样的日子里没有退却，除了没有退路外，是因为其中充满乐趣。

乐趣是人生最大的动力，只有对财富充满渴望，而且在创业的过程中能够享受到乐趣的人，才有可能走完艰难的路，获得最后的成功。

乔布斯自创立苹果以来，曾获得一项又一项的骄人成绩，但却被"亲生儿子"背叛——自己被自己所创立的苹果公司开除，被迫黯然离开苹果。最终，基于创业者独有的顽强意志，令他成功争回"抚养权"，带领儿子走向另一个新阶段，连带使"次子"——皮克斯公司受惠，成为另一个领域内的霸者。

1986 年，他基于兴趣以 1000 万美元向《星球大战》导演卢卡斯买下其电影公司的电脑动画部门，创立皮克斯动画制作室。其处女作《玩具总动员》成为史上首部完全以 3D 电脑特效制作的动画片，一经推出，名震整个电影界。紧接下来，皮克斯制作更成为票房保证，《海底奇兵》《超人特工队》等，无一不卖个满堂红，由此皮克斯也成为动画领域的霸主。

在回顾人生之路时，乔布斯得到的体会是：你必须要找到自己喜欢的工作。"有时候，人生会遇到别人用砖头打你的头，但你不要丧失信心。我确信，只要爱我所做的事情，未来就会是美好的。这些年来就是它让我继续走下去。工作将填满你的大半人生，唯一获得真正满足的方法，就是做你相信是伟大的工作；而唯一做伟大工作的方法，是爱你所做的工作。如果你还没找到这些事，继续找，别停顿，尽你全心全力，你一定会找到。"

正是由于乐在创业，乔布斯创办的多家企业才会成为各自领域的佼佼者。

在美国硅谷，黄炎松是华人"连续创业者"中的佼佼者。1982 年，在被解聘甚至被迫要领失业救济金的情况下，黄炎松创办了益华电脑，五年后益华在纳斯达克正式挂牌，成立短短五六年就坐上全球业界的龙头宝座。随后他又创办思源科技等公司，均在业内取得了不错成绩，并陆续上市成功。

如今已届耳顺之年的黄炎松，又改行做起了麦克风，因为他觉得"声控应用"将是下一波趋势产品。

其实对乔布斯和黄炎松而言，创业才是其生活中的最大乐趣。

创业并不是为了钱，随着益华、思源的上市，黄炎松早已赚够了养老金，完全可以退休养老，但黄炎松却总是笑着说："在完蛋之前，还得做些事情，不会退休，宁可少做。"

"如果我对一件事情没有激情，我是绝对不会去做的。"季琦亦表示。而正是这种激情，诞生了携程、如家及力山投资。

"新投资行为本身就是一个高风险的事情，但好在我们本身习惯于这种不确定性的环境，喜欢这种不确定性，这就是我们的兴趣。"正是由于喜欢不确定，唐越将自己的下一个目标选定在投资。

"连续创业者"们享受工作的乐趣，享受创业的过程，如果给他们很大一笔钱，却无事可做，那反而是对他们最大的折磨。

创业总是会有很大的付出，因为你做的事情并不是一个安稳的事情，没有保障，充满风险。你经常会失败，经常会失望，经常处于痛苦和沮丧之中。但是这却是一个充满刺激的过程，在这个过程中，你的能量得到最大限度的发挥，你还会遇到很多新的事、新的人，让你整个人生和你所处的圈子发生变化。这是一个蜕变的过程，虽然艰辛，却能给人一个新的生命，让人体会到生命成长的喜悦心情。

创业也是一个不断提升速度的过程，如果第一个100万花费了10年时间，那么从100万到1000万，也许只需要五年，再从1000万到1亿，只要三年就够了，说不定更短。这是因为你已经有了丰富的经验和启动的资金，就像汽车已经跑起来，速度已经加上去，只需轻轻踩住油门，车就会前进如飞。对于创业的人而言，最初的时候总是最艰难的，但是闯过了这一段，创业就会变得越来越容易，并越来越有乐趣。

做事先做人，赚取名誉上的财富

谈到创业，有人认为信息重要，有人认为资金重要，有人认为管理重要，也有人认为人脉重要。这些固然不可或缺，但诚信却是绝不能少的。

法国未来海报广告公司创业之初，策划在大街醒目处张贴一幅巨大的一位高挑靓丽、身着三点式泳装的美女海报，美女身边写道："9月2日，我将脱去上面的。"行人议论纷纷，奔走相告。这日清晨，好奇的行人果然发现脱去上面的美女袒胸露乳，美女身边又写道："9月4日，我将脱去下面的。"如同首次，仍然没有注明落款张贴者。4日凌晨，许多猎奇者早早出门去看究竟——美女一丝不挂背向行人。美女身边的一行字迹格外醒目：未来海报公司，说得到，做得到。

该公司因此而名扬千里，家喻户晓。

所有人都愿意同诚实的人打交道。你是一个诚而有信的人，人们就会认为你值得信赖，因而会更多地依赖你。你会为自己赢来良好的声誉，而这种声誉又会为你带来许多朋友和重要的商业合作伙伴。

古人云："诚者，天之道也；思诚者，人之道也。"意思是说，诚是有自然规律的，追求诚是做人的规律。又曰："诚无不动者，修身则身正，治事则事理。""诚"可以打动一切，用在修身上，则可以使道德高尚；用在治事上，则可以把事情办好。

也就是说，做事先做人，做人须诚信，诚信事才成。这是被千年事实证明的真理。不会做人，便莫谈创业；不讲诚信，便莫想财利。

洛克菲勒曾说："在商界生存最重要一点是什么？是诚信。我认为，具有诚实的人格的人，就是有道德且品质高尚的生活态度的人。也就是说，他的日常生活总是正直、坦率的。在企业界，具备这种品质是带来长期成功的生命力。我想提醒你，不要把诚实说成是一种白送的礼物或最贵重的优点之一，而要把它看成是生命力。这是带来长期成功的真正的'生命气息'。"

前几年红极一时的电视剧《乔家大院》，弘扬的正是以乔致庸为代表的晋商的经商之道。晋商讲求诚信，看似眼前吃亏，但却用诚信创出了品牌，买卖越做越大。看似"憨""傻"，却带来了事业的繁荣。以诚待人，众人也乐于帮衬；以信办事，信用会赢得支持。

以诚实守信为荣、以见利忘义为耻，不仅是公民的道德规范，也是创业的根本。对于职场中的任何一个人来说，信用都有着不可估量的价值。当自己不是欺骗对方，而是设法战胜对方，诚实地去迎接企业的挑战时，一定感到精神焕发，这就是守信用。

不过，在利益驱动下，诚实守信说起来容易做起来难，君不见时下市场上缺诚失信的现象比比皆是。经营黑心棉、注水肉、含三聚氰胺的奶粉……奸商看似一时得逞，实则自砸牌子，是"一锤子买卖"。到头来，钱没赚到，业没创成，反遭人唾弃，甚至落得法律严惩。三鹿企业的破产，不就是最好的证明吗？靠欺骗手段建起来的基业最后只能是"水中阁楼"。

正反事例启示我们：在创业伊始，就要着手建设公司的信誉。而让别人评价说这是一家可靠的公司，就不要忘记你本身和在你手下工作的职员的诚实。

在企业界，没有比欺诈和违反道德伦理的商品交易的消息传得更快的了。而且这种传闻一旦传开，销售量的下降一般能说明这种状况所带来的后果。世界不会宽阔到能让企业界无节操的人长期藏身。我们不能受无良奸商影响而将自己的信用置于险境。

人格是最有效的自荐书。你在开垦自己的创业试验田时，应该利用所有的时间和精力，去赚取那些属于名誉上的财富，以便你的创业种子更早、更好地开花结果。

创业真经：跟着老板学习"当老板"

近代著名商人黄楚九就是跟老板学习创业的典范。

黄楚九十五六岁时，到上海一家药店当学徒。他首创了给顾客送药的服务，受到极大的欢迎，使老板的生意大有起色，也赢得顾客的好感。

有一天，他向一位好心的老太太借了钱，买下一间小房，又找人刻了块"黄楚九药店"的牌匾。此时他对经营并不懂，也没有流动资金。他便跟老板讲："我要开一家药店。"老板心想，你在我这里打工干得挺好的，怎么又想着开药店了呢？就问他："那你会吗？"他老实地回答道："我不会，但我想把药店租给你，我还在这里给你打工。"

老板想了想，又看到这个药店地理位置挺不错的，就答应了。于是，老板付他150块大洋，他租给老板三年。

这样，他有了一点钱后，就再买下一家药店，用这样的方式，又连续开了七家药店，并且都租给了老板。老板有钱，又懂经营。他就一边帮着老板经营，一边偷偷地跟老板学。但他跟老板还有一个条件，就是这几家药店到租期后，"黄楚九药店"的牌匾不能摘，到时候归他经营。

就是靠着这样的办法，三年后他总共有了八家连锁店，赚到了自己的"第一桶金"。很快，他药店的生意就超过了原来老板的，后来，还建起"大世界"娱乐场，名扬中外。

从这个事例中，可以看到，创业初期管理的重要性。假如你想成为一名优秀的企业家，那么你就应跟踪研究成功企业家的经营理念、经营手段和方式、竞争手段和方式，以及管理、与顾客的关系等方面，然后从中总结出经验教训。

拥资几百万的湖南女老板王丽萍想开一家星级酒店。于是，她经常到全国各地去旅游。每到一座城市，就向的士司机打听当地最好的酒店是哪一家，然后在那里住下来。接着，她便会留意该酒店的各项设施，一旦发现自己喜欢的，就用相机拍下来，作为资料保存，为自己以后开星级酒店做准备。

2000年9月，时机终于成熟了。

王丽萍将目光锁定于长沙。在长沙考察了一个多月，发现这里酒店林立，竞争非常激烈，她想："我在永州开酒店实行的是人性化管理，这一套拿到长沙来肯定是行不通的，因为我在长沙人生地不熟，所以必须健全管理制度，用制度来管理人。可我缺的就是这方面的经验，怎么办呢？"王丽萍苦思几日后，索性横下心来，到深圳的五星级酒店去偷师学艺！

打定主意之后，王丽萍觉得五星级酒店值得学习的东西非常多，担心自己一个人在短时间内掌握不了，便拉着妹妹到了深圳，谎称自己是湖南某旅游学校的毕业生，去某五星级酒店应聘大堂经理。不巧的是，该酒店并不缺人。

王丽萍灵机一动，对该店某负责人说："给我一个机会吧，我相信自己一定能行的！我可以先在贵店见习，如果您认为我行，就把我留下来；如果您认为我不能胜任贵酒店的工作，您随时可以叫我走人。见习期间，我自己解决食宿，不要工资。"由于该负责人也是湖南人，就答应了王丽萍的要求，让她到西餐厅去做见习经理。妹妹和她一起成了不开工资的大堂见习领班。

姐妹俩谎称住在深圳的亲戚家，实际是在附近的某宾馆包了个房间，每天忙完酒店的工作，就回宾馆交流当天的收获，并记下一点一滴的心得。

在该五星级酒店，王丽萍姐妹跟其他服务员一样，被安排了正常的班次，这位大名鼎鼎的女老板变成了一个普通的打工妹，每天做着端盘子、换桌布、向客人推荐用膳等琐碎的事情，用餐时也跟其他服务员一样，使用员工用餐卡在食堂用餐。由于王丽萍以前一直做老板，此时变成端盘子的打工妹，而且是新来的，谁都可以呵斥她，刚开始时心里落差很大，但王丽萍暗暗告诫自己：以后我做老板，一定要善待自己的员工，他们真的不容易。

久而久之，她们积累了经营酒店的宝贵经验，并成功地开了一家自己的酒店。

在模仿别人经营管理的过程中，要明白，任何人类活动都存在于一定的具体环境中，环境不同就会造成行为结果的不同。别人成功的经验对你也会有失效的时候，因此你不能一味地盲目套用，还要学会灵活运用。

比如，有些人开始创业时，他的资金就很雄厚，他可能因此开办一个规模很大的企业，而你的资金并不多，你就不能一下子铺开来办大企业，否则，即使你勉强把企业创办了起来，也许会因为周转资金的短缺而使你的企业难以运转。

练好双眼，为你的创业时机找准落脚点

Google的所有者是两个30岁出头的年轻人——布林和佩奇。Google成立时，佩奇25岁，布林24岁。

大名鼎鼎的比尔·盖茨先生，在微软创立之时只有20岁。

迈克尔·戴尔19岁时以1000美元注册戴尔公司，那时他大学才上了一年。

……

张爱玲曾经说过："出名要趁早。"套用一下她的话——"创业也要趁早"。

趁早有两个意思：其一，趁早进入任何行业、任何领域都是先进入者占据天时地利。其二，趁年纪轻。年轻的时候，思维活跃，敢想敢干。

张爱玲一语道破世相，这年头，不独出名，创业也要趁早。

据香港的一项调查显示，香港年轻人创业率超过30%，比香港整体创业率高出十多倍。然而创业率高并不等于成功率高。虽然如今创业市场商机无限，但对资金、能力和经验都有限的年轻创业者来说，却并非"遍地黄金"。在这种情况下，年轻创业者只有根据自身特点，找准"落脚点"，才能闯出一片真正适合自己的新天地。

由于现在市场经济已经渐渐成熟，财富已经相对集中，商业竞争也日趋激烈，再摸着石头过河，呛水的危险就大了，创业一定要考虑清楚风险的因素。一味地将创业视为"赚钱"，投资视为"投机"，则有可能付出更大的代价，收获的只是头破血流、伤痕累累。

尽管创业并不是赶早市，去得早就一定能赚钱。但创业一定要趁早，不要拖来拖去，犹豫不决，不要担心失败，要把失败看成是一种收获。

开始得早的最大好处就是可以允许你多犯错误，跌倒了还有时间爬起来。把自己失败的时间向前挪，就是把自己成功的时间提前！

创业会让我们懂得什么是商业法则，什么是社会诚信，什么是尔虞我诈，什么是人心险恶。年轻人创业缺少资本，无论是金钱还是经验，都还没有太多的积累。有些行业虽然门槛低，容易进入，谁都能做，但从长远的眼光看，未必对人生有利。俗话说："女怕嫁错郎，男怕入错行。"对于行业的选择一定要谨慎。

选择了一个行业，就需要学习这个行业的知识与技巧，这势必要花费大量时间和心血。人生有限，不允许你经常改行。而且你所学的那门技艺，所从事的那门行业，往往也影响着自己的思维和气质，要想改行，就要改变自己的生活方式甚至价值观，这就不容易做到了。

选择行业的切入点很重要，虽然任何行业都有成功的机会，但并非所有机会都是为你准备的，只有选择最适合自己，又被社会所认同的目标，才有可能在行业内有所成就。

借梯登天：巧攀成功人士做靠山

生意场上，对初创业者而言，往往起步艰难，如果能得到事业有成者的帮助，一定会飞得快、跑得远。"背靠大树好乘凉"，你的交际圈子中有几位"呼风唤雨"的大老板是非常重要的。问题是，你这个职场"小字辈"怎样做才能与他们结识，并赢得他们的垂青呢？

全方位、多渠道地掌握大老板的社会关系

大公司或知名老板是很难与一般老板会面的，但是，如果能与他们合作或与他们交上朋友，那是很荣幸也很珍贵的，因为从他们那里你会大开眼界，学到许多平常学不到的东西。

要与大老板交往，最基础的工作就是要掌握他们的社会关系。大老板是人，不是神，他们有各种社会关系，有各种各样的业务，也有各种各样的喜好、性格特征。特别是现代媒体，经常关注一些大老板的情况，你从中定会了解一二。你可以从他的历史上认识他的过去、他的经历、他的祖辈父辈，也可以从他的亲属、他的朋友和他的子女等处认识了解他。

从业务上了解大老板也是一条好途径。他经营的业务范围主要是哪些、次要的是哪些，他的分公司、子公司分布在什么地方，这些公司的经营者是谁，他多长时间会查看分公司、子公司，等等。

从兴趣爱好上了解大老板。他喜欢什么运动、什么物品，他是什么性格的人，他喜欢或经常参加什么聚会，他休闲、娱乐的方式有哪些，常到什么地方去，等等。

总之，要结交一个大老板又没有机会时，你不妨从以上几个方面去了解，总会发现一些机会的。

精心制造与大老板初次见面的氛围

当你发现了或者创造了与大老板见面的机会后，最重要的便是如何制造一种特殊的会面氛围。因为，在众多人物中，也许你本身就是芸芸众生中的一员，说不定连话都跟大老板说不上。

在共同出席的会议或聚会上，选择位置时，一定要选择一个与大老板尽可能近的位置，以便他能发现你，并且一有机会便可搭上关系。

同时，要以穿着表现自己的个性，因为与人第一次交往，别人往往是从服饰上得来第一印象。着装要表现个性、特色，给人舒服的感觉。

要针对大老板关注的事予以刺激，要尽快发现对方关心注意何事，找到适当的话题，抓住对方的注意力，刺激对方对自己的兴趣。话语要力求简洁、有独创性，使对方产生震撼，留下较为深刻的第一印象。

适当展示自己的能力，以赢得大老板的青睐

大老板一般都爱才、惜才，如果你一贯表现出对他意见的赞同，不敢表现自己独到的见解，他会反感你的。因此，适当地表现自己的独特才干，是会受到大老板青睐的。当然，你不能表现得太过锋芒毕露，让人一见就觉得有喧宾夺主之感。

别出心裁地送一些赠送品，与大老板沟通情感

与大老板有过几次接触，并感觉到他对你态度不错，那么别出心裁赠送礼品是联系大老板情感的重要方式。这要针对大老板的具体情况，不能千篇一律，也不能委托他人。不一定昂贵就是好礼品，要赠送，就要送他特别喜爱的东西。同时在赠送方式上也要别出心裁，从包装样式、赠送仪式都要显得别具一格。

写信是交流思想、联系感情的好方式。随着电讯事业的发展、计算机技术的开发，很多人的联系方式都是通过电话、电子邮件等形式联系，很少再看见以书信方式交流了。你用书信方式向大老板请教问题，交流思想，他会感到很亲切，所以这是你结交大老板的恰当方法。

借搭乘头等舱，搭建更高价值的人脉网

有时候，你也许需要采取一些别具一格的方式，如借搭乘头等舱的机会来结识成功人士。搭乘头等舱的乘客大都是政界人物、企业总裁和社会名流。在他们身上可能会存在许多潜在商机，有助于你搭建更高层次、更高品质、更高价值的人脉网。也许你乘坐一次头等舱，就可改变你的人生。

小心再小心！别踩到创业的五大雷区

每天都有人开始创业之路，每天也都有人走下创业舞台。抱着创业梦的人不计其数，有人美梦成真，有人却是梦醒一场空。这是为什么呢？踩到创业的雷区是重要原因之一。接下来，我们就来谈谈现实创业的雷区，以便给想创业的人或正在创业的人提

个醒儿。

雷区1　眼高手低

比尔·盖茨的神话，使IT业、高科技业成为很多年轻人眼中的创业金矿，他们不屑于从事服务业或技术含量较低的行业。殊不知，高科技创业项目通常需要很大一笔启动资金，创业风险和压力也非常大，对创业的期望值过高，对自身经验和能力认识又不足，很容易失败。

Tips：创业需要把心态放平，深刻了解市场和自己，然后从小做起，从实际做起，走稳了第一步再走下一步。

雷区2　挥金如土，好大喜功

家里有钱，或者找到了投资人，或几个兄弟筹钱，忙碌一番，公司终于开起来了！外人进门一瞅：办公室要豪华装修，办公用具要最一流的……一番布置下来，手头没剩几个钱，这样，如何为接下来的业务提供周转资金？拉大旗，坐虎皮的时代已经过去，不立足现实，手笔越大，摔得越狠。还有些人，创业刚赚到一点钱就开始飘飘然，忘了可持续发展的道理。他们挥金如土，使劲炫耀。

曾是国内创业界风云人物的史玉柱，在1993年，他创建的巨人集团仅靠卖中文手写软件就赚了3.6亿元。在巨人公司成立的第二年就决定兴建38层的珠海巨人大厦，后来改成70层。1994年初，巨人大厦一期工程破土动工，当年8月巨人集团又推出"脑黄金"新产品。两大投资项目同时上马，使巨人集团背上了沉重的经济包袱，最后的结果是两败俱伤。

Tips：务实的态度是创业的基础，好大喜功者最后只能落得"竹篮打水一场空"的下场。

雷区3　盲人骑瞎马

老板炒你鱿鱼了或你炒老板鱿鱼了，一跺脚——自己开公司！做什么呢？朋友说这个赚钱，我就做这个了！

这种想法或做法无异于盲人骑瞎马，这种人敢拼敢闯，是标准的创业人才，但不做市场调查就随便听人信口雌黄，贸然投身于一个你根本不熟悉的行业，做了你就会明白，你十有八九赚不到钱。如果这个行业入行门槛低，能赚大钱，恐怕早就被大鳄吞吃了，会轮得到你？再有，真正赚钱的谁都不会说，生怕市场会被别人瓜分去，哪里会传到你耳朵？

Tips：绝对不能人云亦云、盲目创业，否则不仅会走弯路，还会贻误战机。大凡创业者，多为无业者，跟在别人后面，只有吃残羹剩饭，"饿死"也不足为奇。聪明的人士创业前对大家都热捧的东西，会保持冷静的头脑，做好市场调研。在了解市场的基础上，选择一条适合自己的、且大众不会想到的路。然后，拟订一套完整而又缜密的企划书，同时懂得借势。

雷区4　刚愎自用，单打独斗

在强调团队合作的今天，创业者靠单打独斗获得成功的概率正大大降低。团队精神已成为不可或缺的创业素质。投资商在投资时更看重有合作能力的创业团队。如今很多年轻人富有个性，自信心较强，在创业中常常自以为是、刚愎自用，这些都会影响其创业的成功率。

Tips：如果你打算创业，最好强强合作、取长补短，这样比单枪匹马更易积聚创业实力。

雷区5　贪图虚名，故步自封

张先生在一家外企工作了几年，颇有心得，积累了些资本，便辞职出来招兵买马开起了公司。公司总共六个人，三个合伙人的头衔都是"总"，三个员工辞职了一个，剩下两个。后来张先生读了一本人力资源管理方面的书，便把剩下的两个员工中的一个封为"经理"。这样全公司就一个员工了，结果自然是关门了。

Tips：创新才是保持创业之树常青的源泉。贪图虚名，不注重企业的实质发展，缺乏创新意识，也就意味着自取灭亡。精明的人士善于让出虚名，在"利"与"创新"方面下功夫。

第9课

领导力：工作前5年，从完善自我到影响他人

纵观古今中外，无论是在政治界或经济场，还是教育界，抑或是职场中，领军人物都拥有自律精神，并致力于不断完善自我，保其精华，去其糟粕。

虽然我们无法达到完美，却可以向完美靠近。在完善自我的过程中影响他人，进而从平庸之辈中脱颖而出，提升我们的影响力和领导力。

做精本职工作，从后台走向前台

在公司里，如果你想通过帮助他人来提升你的领导力，本无可厚非。不过，对于每个员工来说，自己的本职工作头等重要，在帮助别人之前，首要的是把自己的本职工作做好。当你在这方面有大幅提升时，你的职场价值也就水涨船高了。在自己的本职工作没有做好的情况下，忙着帮助别人就等于对自己的本职工作没有尽职尽责，是不负责任的表现。

要知道，公司的每个岗位都不是多余的，对于每一个岗位上的人，公司都希望他们能够尽职尽责，把工作按时保质保量地完成。每个人在自己有限的工作时间内都有自己的一摊儿工作要做，帮助别人势必会耽搁自己的时间，从而影响自己的工作进程和质量。工作质量上出一点问题，都可能是一个潜在的危机，很可能给公司造成不必要的损失和麻烦。

一位在金融界工作五年的女孩，虽然已经有了几张从业证书，仍在下班后去研究所进修投资理财的相关课程，问她为何要如此辛苦，她说："只有不断学习，不断在专业技能上精益求精，才能维持高度竞争力，才能从后台走向前台！"

然而现实中，不少职场新人，拿着亮丽的学历炫目登场，误以为学历=能力，结果表现凄惨，吓倒一帮主管。请别忘了，对公司来说，知道怎么做不重要，能够精准地做出来才是关键。所以，我们必须清楚自己所在岗位的工作任务和范围，并在自己的职责范围内做好自己分内的事情。只有出色地完成职责范围内的工作，才能成为公司需要和看重的人，由此才能够得到老板的肯定与赞赏。

一个人职责范围内的工作做得不够，分外的工作做得再多，也没有什么价值可言，无论是对自己还是对公司来讲，意义都不大。最重要的是，你的职责没有发挥出来，你的价值也体现不出来，也就不符合公司对你的要求。

公司需要和看重的，是能够做好自己工作的好员工。因此，分清哪些该做，哪些不该做，我们才能不偏离自己的岗位。如果我们能够清楚自己的主要目标任务，就不可能被一些无关紧要的事情牵扯精力，那么就能专心致志做好自己的工作，成为一个有价值的员工，成为一个可塑之才。

抓不住工作的重点，在一些可做可不做的事情上花费时间和精力，就等于没有认清工作的真正目的是什么，也就忽略了自己位置的所在。认不清自己在公司所处的位置，工作就等于失去了明确的方向，没有方向性地工作，早晚会出现问题，可能你在这个位置上也做不长久。

不是自己职责范围内的事情，做得再好也不能为自己增值。工作都能够完成，但是能够做到精益求精就很难了。我们工作的目的不仅是要做，而且还要做得好。

老板当然希望员工会做的事情越多越好，为了证明给老板看，我们什么事都做，似乎很博学很努力的样子。然而，人的精力毕竟是有限的。一个人消耗在本职工作以外事情上的时间过多，本职工作必有短缺。

我们的业务能力体现在做得精、做得好，而不是靠做得多取胜。在我们自己的岗位上，把自己的工作做得精、做得细、做到位，才会让老板刮目相看，由此我们才有机会升职加薪，坐到自己满意的位置上。

舍得自我投资，当社会最需要的产品

当下是一个知识快速"折旧"的年代，进入职场后，在校期间所学的东西，如果不随时更新，很快就跟不上时代。但是，徒有持续学习的上进心还不够，更要懂得如何快速有效地在浩如烟海的信息中"淘金"，掌握最新的关键情报。现在是速度决定胜败，谁的情报力比较快，谁就掌握赢的先机。因此，我们必须学会把"信息收集"列为"绝对必要的工作技能"，必须舍得投资自我，即把自己收入的一部分，花在资讯搜集或能力开发上面。

日本现在的白领阶层中，在工作之余学习各种才艺，上空中大学（广播电视大学）或专科学校取得资格的人，竟多达26万人。他们这样进行自我投资，目的是为了提升自己，增强自己的竞争力。因为他们知道，一旦你放松了求知的脚步，马上会被人追赶过去。

所以说，我们只要有经济条件，首先应投资于教育。实际上，当你还是一个穷人时，你所拥有的唯一真正的资产就是你的头脑，这是我们所控制的最强有力的工具。当我们逐渐长大时，每个人都要选择向自己的大脑里注入些什么样的知识。

在当今知识经济的社会里，知识越发凸显出它超常的价值，在知识和信息方面落后于人，很快就会被社会淘汰。社会的发展越来越快，可谓日新月异，知识的更新也越来越快，年轻人若想成为社会的弄潮儿，而不是落伍者，就一定要紧跟时代的步伐，随时把握时代发展的脉搏，及时调整自己，了解自己需要哪些知识来武装自己，并以最快的速度为自己充电。

自我投资非常重要，所以在必要的投资上不能舍不得花钱，因为你要想到它给你带来的效益可能远远超过你为它所投入的。"知识用时方恨少"，平时了解社会发展的动态和趋势，了解什么是当前社会中最有用的知识，然后尽快地去掌握它。这样机会到来时，你就会发现你比别人拥有更重的胜算筹码。

以前人们求职更多的是注重高收入。眼下，更长远一些的因素开始越来越受到人们的关注：公司能不能提供正规的培训，使自己得以不断提升？也正因为如此，在不少单位的招聘广告中，都把"培训机会"写在了显赫的位置上。

随着信息时代新知识的膨胀性扩展，企业管理人员最终意识到，企业内部人力资源必须通过不断的开发，企业员工所具有的知识与技能才能完成再生及再利用，否则这种"易耗型资源"将会随时消耗殆尽。

美国《Computer world》杂志一项以IT从业人员为对象的调查显示：在高工资之外，人们更渴望公司提供培训教程。该杂志表示，管理者必须与IT从业人员进行更有效的交流，提供使专业人员提高技能的机会及由公司负担的学习进修机会。

事实上，在单位不能满足自己时，有心计的白领们早已自掏腰包开始接受"再教育"。工商管理、计算机、财务和英语等都是比较热门的项目，这类培训更多意义上被当作一种"补品"。在以后的职场冲浪中，这些培训将化为各种资格证书，在求职或跳槽时增加自己的"分量"，有时学历证书反倒排在了后头。

美国职业专家指出，职业半衰期越来越短，所有高薪者，若不学习，无需五年就会变成低薪！人才处于不断折旧中，而学习是防止人才折旧的最好方法。人才市场也随之出现了新的概念，由原来的高学历、高职称就是人才，转向"有需要才是人才"。

科技发展一日千里，市场经济千变万化，人才的需求也随之不断改变。随着职场进入了后学历时代，学历之外的"素质训练"将被用来证明你比别人更优秀。唯有懂得适时投资自我，"做社会最需要的产品"的人，才会成为万绿丛中的那一点红。

日本东京一家贸易公司有一位小姐专门负责为客商购买车票，她常给德国一家大公司的商务经理购买来往于东京和大阪之间的火车票。

不久，这位经理发现了一件趣事：每次去大阪时，他的座位总是在列车右边的窗口；返回东京时又总是靠左边的窗口。经理问小姐其中缘故，小姐笑答："车去大阪时，富士山在您右边，返回东京时，山又出现在您的左边。我想，外国人都喜欢日本富士山的壮丽景色，所以我替你买了不同位置的车票。"

就是这件不起眼的细心小事，使这位德国经理深受感动，促使他把对这家日本公司的贸易额由400万马克提高到1200万马克。他认为，在这样一个微不足道的小事上，这家公司的职员都能够想得这么周到，那么，跟他们做生意还有什么不放心的呢？

一件小事，成就了一桩大生意。其实，工作中的大事，都是由一件一件的小事构成的，把微不足道的小事做好，大事也就做成功了。

工作并不需要什么豪言壮语，工作需要的是始终如一地把所有小事做到尽善尽美，不出一点差错。坚持把每一件小事做好，就会得到领导的信任和赏识。

不屑做工作中的小事，就没有机会做工作中的大事；工作中的小事做不好，工作中的大事就不可能做好。

对普通员工来说，对于工作中琐碎的、繁杂的、细小的事务，我们应该花大力气把它做好，不讨厌做小事，要努力把工作中的小事做得尽善尽美。

做大事也好，做小事也罢，反映的是我们对工作的认识和态度。如果我们能够重视每一件小事并努力做好每一件小事，对待大事我们则更会认真对待。如果我们能够注意到小事的每一个细节，那么对于小事组成的每一件大事的每一个层面我们也会认真对待。

　　很多初入职场的年轻人志向高远，立大志，干大事，精神固然可嘉，但只有脚踏实地从小事做起，从点滴做起，在工作中注重每一个细节，才能养成做大事所需要的那种严密周到的作风。不重视工作中的细节，没有做小事成功的经历，很难获得做大事的机会。即使有了做大事的机会，没有做小事的经验，也未必知道从何处着手。因为做事的技巧和方法，都是在平时做小事的时候培养和建立的。

　　对于一个企业来说，拥有做事细致、认真的管理者和员工，企业的管理制度会更加精细化，工作效率会更加提高。能时刻心系公司，把微不足道的小事当作大事去做，并能排除压力坚持不懈的人，是最值得信赖的。

　　在激烈的竞争中，公司规模、员工队伍日益扩大，其分工也越来越细，其中能够从事大事决策的高层主管毕竟是少数，绝大多数员工从事的是简单烦琐的看似不起眼的小事。但对于公司的运作而言，公司的每一件事情、每一个员工都很重要，可能某一个员工出了问题，就会影响到整个公司的运作。也正是一份份平凡的工作和一件件不起眼的小事，才构成了公司卓著的成绩。

　　对于敬业的人来说，他会认真完成公司交给他的每项工作，不管这项工作是大还是小。他都会认识到这项工作的重要性，尽到自己应该尽到的职责，不忽视工作中的每一件小事，认认真真地处理工作中每一处细节。因为，在他看来工作之中无小事。

　　从工作中的一些微不足道的小事洞察秋毫，可以感悟到一个人的内在精神。什么是不简单？把每件简单的事做好就是不简单；什么是不平凡？把每件平凡的事做好就是不平凡。

看不到细节或者不把细节当回事的人，对工作缺乏认真的态度，对事情只能是敷衍了事。这种人不可能把工作当作一种乐趣，而只是当作一种不得不受的苦役，因而在工作中缺乏热情，他们只能永远做别人分配给他们的工作，甚至这样的工作也不能做好。这样的人当然没有领导和支配他人的机会。

我们在公司的价值是什么？我们在公司的价值就体现在点点滴滴的细节中，体现在我们为公司做了多少实实在在、真真切切的事情。把小事当作大事去做，不仅提升了小事的价值，也提升了我们自身的价值。

建立愚事档案，做自己的批评家

戴尔·卡耐基说："我的档案柜中有一个私人档案夹，标示着'我所做过的蠢事'。夹中插着一些做过的傻事的文字记录。我有时口述给我的秘书做记录，但有时这些事是非常私人的，而且愚蠢之极。不好意思请我的秘书做记录，因此只好自己写下来。每次我拿出那个'愚事录'的档案，重看一遍我对自己的批评，可以帮助我处理最难处理的问题——管理我自己。我曾经把自己的麻烦怪罪到别人头上，不过随着年龄渐增——希望也长了一点智慧——我最后发现应该怪的人只有自己。很多人随着年纪的增长而认清了这一点。"

拿破仑被放逐到圣海伦岛时说："我的失败完全是自己的责任，不能怪罪任何人。我最大的敌人其实是我自己，这也是造成我的悲惨命运的主因。"

富兰克林每晚都自我反省。他发现了13项严重的错误。其中三项是：浪费时间、关心琐事及与人争论。睿智的富兰克林知道，不改正这些缺点，是成不了大业的。所以，他一周以一个要改进的缺点为目标，并每天记录赢的是哪一边。下一周，他再努力改进另一个缺点。他一直与自己的缺点奋战，整整持续了两年。难怪富兰克林会成为受人爱戴、极具影响力的大人物。

艾尔伯特·哈伯特说过："每个人一天起码有五分钟不够聪明，智慧似乎也有无力感。"一般人常因他人的批评而愤怒，有智慧的人却想办法从中学习。诗人惠特曼曾说："你以为只能向喜欢你、仰慕你、赞同你的人学习吗？从反对你的人、批评你的人那儿，不是可以得到更多的教训吗？"

与其等待敌人来攻击我们或我们的工作，倒不如自己动手。我们可以是自己最严苛的批评家，在别人抓到我们的弱点之前，我们应该自己认清并处理这些弱点。

当达尔文完成其不朽的著作——《物种起源》时，他已意识到这一革命性的学说一定会震撼整个宗教界及学术界。因此，他主动开始自我评论，并耗时15年，不断查证资料，向自己的理论挑战，批评自己所下的结论。

美国一家大公司的总裁查尔斯·卢克曼曾经用100万美元请鲍伯·霍伯上广播节目。鲍伯从不看赞赏他的信，只看批评的信，因为他知道可以从中学到一点东西。

福特汽车公司为了了解管理与作业上有何缺失，特地邀请员工对公司提出批评。

有一位香皂推销员，甚至主动要求人家给他批评。当他开始为高露洁推销香皂时，订单接得很少。他担心会失业，他确信产品或价格都没有问题，所以问题一定是出在他自己身上。每当他推销失败，他会在街上走一走，想一想什么地方做得不对，是表达得不够有说服力，还是热忱不足？有时他会折回去，问那位商家："我不是回来卖给你香皂的，我希望能得到你的意见与指正。请你告诉我，我刚才什么地方做错了？你的经验比我丰富，事业又成功，请给我一点指正，直言无妨，请不必保留。"

他这个态度为他赢得许多友谊，以及珍贵的忠告。他后来升任高露洁公司总裁，他就是立特先生。

世界上没有一个人能保证自己永远不犯错。但是，为什么有的人成就卓著，而有的人却碌碌无为？其实，答案很简单：有的人一错再错，没有及时地从错误中吸取教训，而延缓了前进的步伐。

一个人如果老是犯同样的错误，他何种场合出错就会被人预料到，那么这个人在与人竞争时还有什么胜算的可能呢？一个人若是一再犯同样的错误，别人就会对他的反省能力、做事能力及用心程度产生怀疑，如此一来，上级又凭什么对之委以重任呢？

所以说，年轻人要想从一个"初生牛犊"变成成熟老练、有领导潜质的人，就必须经常反省自己，慎重地面对犯错及后果。

首先，你要反省与检讨自己，彻底了解自己犯错的原因何在，是能力问题、技术问题，还是性格问题，观念问题？尤其是后面的二者，有必要毫不留情地予以检讨，这样才不会自我欺骗，逃避真正的问题。其次，要反思自己及别人的错误，借反思来提高自我警觉。人会犯错，经常是由性格及习惯所造成的，反思错误有助于修正自己性格及习惯上的偏差。

高屋建瓴，锻炼从老板的高度看问题

小郑在一家科技公司做普通职员。小郑的工作做得不好不坏，并不引人注目。他是个很有责任感的人，同时也非常希望在职业生涯中更进一步。凭着几年的经验和反复的思考，他感到公司的战略方向有一定问题，于是思索再三，大胆写了一篇几千字的建议书。由于担心上司贪己之功，他便越级向主管营销的副总上书，希望公司采纳其建议，一是有利于公司，二是有利于自己的发展。可是此事如泥牛入海音讯全无。

等了好长时间，终于一天找到个机会，副总到他所在部门视察，他大着胆子问副总对建议书有何看法，副总偏着头看了他一眼，说："写得太长，看不明白意思，管理层自有考虑。"小郑还想再说，副总笑着摇摇头就走了。小郑非常失望，从此埋头做自己的小职员，再不管其他事。

作为职场中人，应该仔细观察公司的战略重点所在，或面临的最大挑战所在，并确认高层领导已经有比较明确的意识。决定你能否走到高层职位的，不是你拥有的技术或才能，而是你的意识。事实上每个工作都可以由另外的人去完成，而唯一别人不能代替你的，是你的大脑。要想在职场中晋升，就必须学会像老板那样思考，必须学会识别：在老板心目中，真正的困难与挑战是什么。

小郑为什么失败了呢？因为他的建议在高层领导眼里，不过是低层职员的经验，虽有热诚，但见解不高。因此在副总心目中，小郑的建议根本就没有价值。

在职场中，要尽量训练自己站在老板的角度去看全局，去思考问题与机遇，把握重点，而不是凭着自己处于低层的一些实际经验与感受，盲目地发表自以为是的意见。同时，公司战略是全局性、综合性的，面临的问题也往往是多种多样的，因此，还必须学会识别它们在老板心目中的轻重次序，把自己的精力放在最优先的战略部位。

因为想在公司获得提升就必须学会站在比你现在的位置更高的角度思考问题。只有这样，你才能不断进步。

一位员工向经理提交了一份报告。报告中详细汇报了他的工作，并且列出了他所遇到的所有问题。经理看到报告之后把这位员工找来，征求这位员工对这些问题有什么看法，以及解决问题的方法。这位员工说，反正问题我已经提出来了，至于如何解决就不是我的事情了，我职位低，也说不好，还是经理自己拿主意吧。

对于大多数的年轻人来说，都希望能够在自己的工作中有出色表现，并期望有机会也能做到经理或者更高层经理的位置。对于这些人来说，上述的想法和做法显然是不可取的。

每一位员工在遇到难题时，首先应该考虑："如果我是高层领导，我应该怎么做？"因为在公司里，每一层领导所能够支配的公司资源的内容和范围不同，考虑问题的高度也就不同。从整个公司或者从整个部门的情况出发，站在经理或老板的角度思考本身就是一种自发的锻炼和提高。没有这样的锻炼，即便是公司提拔你做了经理，你也会觉得心有余而力不足。

其次，由于经理的每一个决定都可能会直接或间接地影响到你的工作，加上你对自己的工作最为熟悉，所以你也应该学会站在自己的角度，考虑如何建议经理去修改他的决定。

在公司里，提出问题的同时也给出解决问题的可选择方案，这叫作建议。如果只有问题而没有方案，就只能叫作牢骚或者抱怨。如果你的报告永远是只有问题而没有方案，不仅不利于你在公司中的地位，也不利于你积累工作的技能和经验。

相反，能够站在老板的立场上，考虑各种问题，比如，如果你是老板，你会怎样处理业务？你有足够的条件吗？你用什么方法提高生产力？你怎样处理人事问题？你有办法提高工作效率吗？你会采用怎样的奖励方法？有什么地方需要改变？有什么东西需要改革？这样做，不仅有助于改进你的责任感和工作能力，也可以试验自己的应变技能，在真枪实弹的现实战场上搏击之前，就开始上模拟课。

冠军的秘密：目标对了，速度才有意义

我们知道，飞机在升空前，总要在机场的跑道上滑行一段时间才能顺利腾空而起。一条畅通无阻的跑道为飞机起飞提供了必备的路径，如果跑道出了故障，很可能导致飞机晚点，造成航班延误。职场亦如此，人人都希望获得职业成功，快速升到制高点，但如果方向不对或跑道出错，必将影响我们的目标达成。

老人在山里拾到一只样子怪怪的、很小的鸟，和出生刚满月的小鸡一样大小。老人就把这只怪鸟带回家给小孙子玩耍。这只怪鸟由母鸡领养着，和其他的小鸡混在一起。

怪鸟一天天长大了，人们才看出来这竟是一只鹰。人们担心鹰再长大一些会吃鸡，于是他们强烈要求：要么杀了那只鹰，要么将它放生，让它永远也别回来。

老人一家自然舍不得杀它，他们决定将鹰放生，让它回归大自然。然而他们尝试了很多办法，都无法让那只鹰重返大自然。他们把鹰带到很远的地方放生，可是过不了几天那只鹰又飞回来了。他们驱赶它，甚至将它打得遍体鳞伤，可是都没有用。最后，他们终于明白：原来鹰是眷恋它从小长大的家，舍不得那个温暖舒适的窝。

后来村里的一位老人说：把鹰交给我吧，我会让它重返蓝天，永远不再回来。老人将鹰带到附近一个最陡峭的悬崖绝壁旁，然后将鹰狠狠地向悬崖下的深涧扔了下去。

那只鹰刚开始时像石头般地向下坠去，当快要到涧底时，它终于展开双翅，托住了身体，缓缓滑翔，然后轻轻拍了拍翅膀，就飞向蔚蓝的天空，它越飞越舒展，越飞动作越漂亮，它越飞越高，越飞越远，渐渐变成了一个小黑点……

鹰本来是可以振翅高飞的，因为过惯了安稳的生活，也会变得像鸡一样生活。如果我们对自己放松了要求，没有给自己设定更高的目标，在没有外力逼迫的情况下，我们很容易故步自封。

想让人生海阔天空，就必须学会给自己制造一个悬崖，然后才能让自己展翅翱翔。想让自己的人生有所作为，就一定不要捆住自己的手脚，必须先要认为自己能做到，现实中才可以做到。同样，只有把目光聚焦在职场冠军上，想着它，你才有成为职场冠军的一天。

想成为职场冠军的条件有三个。

（1）强烈的愿望——我要成为职场冠军。

（2）强烈的信心——我绝对可以成为职场冠军。

（3）强烈的渴望——全力以赴去做。

许多人之所以达不到自己孜孜以求的目标，是因为他们的主要目标太小，而且太模糊不清，使自己失去动力。如果你的主要目标不能激发你的想象力，目标的实现就会遥遥无期。因此，真正能激励你奋发向上的，是一个既宏伟又具体的目标。

美国通用公司的董事长罗杰·史密斯在进入通用之初，只是一个名不见经传的财务人员。罗杰初次去通用公司应聘时，只有一个职位空缺，而招聘人员告诉他，工作很艰苦，对一个新人会相当困难。他信心十足地对接见他的人说："工作再棘手我也能胜任，不信我干给你们看……"

在进入通用工作的第一个月后，罗杰就告诉他的同事："我想我将成为通用公司的董事长。"当时他的上司对这句话不以为然，甚至嘲笑他自不量力，逢人便说："我的一个下属对我说他将成为通用公司的董事长。"令这位上司没想到的是，若干年后，罗杰·史密斯真的成了世界上最大的"商业帝国"通用公司的董事长。

给自己设定更高的标准，既是进取心的体现，也是使自己快速成长的捷径。有时，我们需要借助于外界的压力；有时，我们要故意把自己置于险地。

曾有一位名叫巴比的美国女子创造了一个奇迹——徒步穿越非洲，她不但穿越了森林和沙漠，也走过了400英里的野地。她的壮举令很多人感到吃惊。她的举动受到了世界各地媒体的广泛关注，当有人问她为什么这样做时，她回答说："因为我说过我会。"当问她向谁说过这句话时，她的回答是："向自己说过可以做到。"

一个人要想成功，就必须不断激励自我。自我鼓励最好的办法就是为自己设定适当的、远大的目标，并为之百折不回地努力。不断地给自己设定目标，是一件非常重要的事。我们必须不断挑战自我，开发自己的潜力。最后，你会发现，你的潜力远远高于自己的估计。

李开复现象：最大化自己的影响力

曾经的职业经理人，如今是创新工场的董事长兼首席执行官的李开复说："我希望有最大的影响力，所以我一路都是朝最大化自己的影响力来走。"他高调辞职、高调创业、高调为师、高调出书……在短时间内以令人眼花缭乱的组合拳，着实让人们领教了什么叫作影响力。

通常情况下，形容一个人有影响力，指的是此人可以很大程度地让别人相信，他的言行和见解向来都很有说服力，所以，即便是在别人没有论证的情况下，也多半会相信他。权威就是影响力最高水平的代表。

《世界管理者文摘》（World Executive's Digest）指出，在过去金字塔式的组织结构中，资讯不流通，管理者以职位与掌握特殊资讯的权力，命令下属照章办事。但现在的组织呈扁平化、团队化，资讯科技发达，管理者过去的权力基础尽失，因而越来越需要影响力，才能带动大家朝着共同的目标努力。

而且，现在员工的教育程度越来越高，对工作的期待是参与、被咨询，这样的员工不容易被指挥，但却可以被影响。

那么，身为普通人，究竟如何培养自己的影响力？如何施展影响力呢？有关学者与专家归纳指出，主要有四大秘密武器。

武器1　表里如一的可信度

可信度是影响力的核心基础。一个不被信任的人，不论用承诺或是威胁的技巧，都很难产生影响力。要想成为一个具有影响力的人，就应注意自己的可信度。

而要建立可信度，首先，要了解自己，了解自己的信念与价值观。能清楚表达并实践自己信念的人，才能让别人信任。其次，要了解试图影响的对象，深入了解其价值观、信念与需要，并敞开大门让大家参与。在参与过程中，团队成员或是同事就会接受你的目标并转化为他们自己的目标，建立大家共同的价值观。

武器2　打动人心的说服力

一个人只有见解高明、准确，对他人才会有说服力。假如这个人的话一贯很有说服力，自然这个人就会有号召力。"计划负责人""团队领导人"等名词，都是针对工作、任务而言的头衔，要动员人力完成工作，不能依靠"头衔"，而要靠"说服力"。

最常用的说服方法就是讲出具有重要性的理由，或以事情的价值、个人的需要做说服。

再有，引导的力量也不容忽视。有时候，告诉他人为什么会是这样，然后告诉他，你可以去自由选择，但是我希望你那样做，因为那样做是你最佳的选择，那么结果多半是你希望的结果，这样的沟通最有效，更容易获取他人的心。

武器3　你赢我也赢的谈判技巧

影响别人，你必须知道什么人最难影响。一般来说，基本上会有两种人与你的观点相反。一种是抱有敌意和不满来听你说话的人，另一种是利益上与你有冲突的人。因此，要让意见不同者与你共同完成任务，需经过谈判，达成彼此都能接受的协议。

需要特别指出的是，谈判不是要你击败对方，而是解决双方共同的问题。将问题与人分开，注重利益而非立场，创造对双方有利的选择。

武器4　在情非得已时，坚定地下达命令

通常情况下，命令总会让人感到不舒服。一个人如果频频肆无忌惮地运用命令的口吻，对他人颐指气使，就会大大地削弱自身的影响力。但在没有时间共同讨论的紧急状况，或需要个人在不大自愿的情况下完成对组织很重要的工作时，你应该坚决地使用命令完成任务，无需考虑影响力。

后　记

不重视知识管理，工作 5 年也枉然

良好的知识管理，会轻松提升职业人的卖座率。我们知道，一部影片想要获得票房高收入，赢得观众好评，就得从影片技巧、选题及演员演技等方面多下功夫。同样，身为职业人，如果想被他人既叫好又卖座，就得进行良好的知识管理，做足自身的功夫。

那究竟什么是知识管理呢？简而言之，就是让自己能累积和记住每次失败的教训与成功的经验，作为下次做决策的参考。在知识经济的时代，这点尤其重要。不管是个人还是公司，如果无法掌握知识管理，都将有可能蒙受巨大的损失。

案例一

福特汽车公司曾经开发过一种全新的车款Taurus，受到市场的热烈欢迎，也创下了新车种前所未有的销售佳绩。过了许久，在丰田等车厂推出新车的竞争压力下，福特新车种的研究人员希望效法Taurus设计小组的成功经验，开发新的车型，但是找不到当初设计工作的完整资料，只有少数工程师的个人档案，拼凑不出前人的努力有何独特的地方。如此重要的知识资产就这样消失了。

案例二

有位东莞台商工厂的高级主管，听说一位准备在江苏吴江办厂的大老板朋友，特地跑到东莞去拜访他，感到受宠若惊。见面经过一阵客套寒暄后，他才得知这位老板曾经在六年前参与东莞台商电子扫描仪厂的兴建，因此想要找他去管理在吴江兴建的新电子扫描仪厂。但糟糕的是，他早在四年前转任公司行政管理，对六年前的生产、工作流程和合作伙伴，全都不清楚了。而这位老板需要他在一个礼拜内交出兴建计划书。眼看着要到手的机会，就这么溜走了。

从以上的案例中，我们可以看出，知识管理对于一家公司及个人的重要性。如果上述案例的企业或个人，都能做到对自己的知识有一定系统的累积和管理，上述的所有惨痛教训都不会发生。作为职业人，良好的知识管理会使你的身价大大提升。因此，要让我们的知识不断累积与运用，而不要让它流失。

个人实施知识管理，通过个人有意识、有目标的知识的学习、知识的有效管理，然后对知识创新应用，提高个人绩效，提高个人在职场的竞争力，将会获取更多的个人价值。有专家曾这样定义个人知识管理："它是一种概念框架，指个人组织和集中自己认为重要的信息，使其成为我们知识基础的一部分。它还提供某种将散乱的信息片段转化为可以系统性应用的东西的（个人）战略，并以此扩展我们的个人知识。"

有一位企业讲师，在遇到任何事情时，他只靠对个人2万多张名片的收集整理，就可以帮助他迅速找到合适的对象，作为解决问题的顾问，而且在计算机的帮助下，他也可以使用E-mail以最短的时间与最少的成本，与所有朋友维持一定的关系。

中国香港有一位千万元年薪的职业人赵先生，他成功的秘密武器是一部笔记本计算机。他说，这部计算机是他全身上下最有价值的东西，至少值五六千万元港币。因为里面存有自他工作以来，所有累积的专业经验与案例，此外，还有超过500家大、中型公司，以及5000个客户和朋友的交往档案资料。他不准任何人碰这台计算机，连太太也一样。

对身处知识经济时代的职业人而言，知识管理的重要性非同一般。在职场中，一个职业人必须做的、对将来职业生涯具有重大意义的工作就是持续地进行知识管理。如果错过这些宝贵的工作资源，在未来的职业生涯中，会让你懊悔不已。